全国高等美术院校

建筑与环境艺术设计专业教学丛书

学习创造

通用构造基础

施济光

王　飒　编著

中国建筑工业出版社

图书在版编目(CIP)数据

学习创造　通用构造基础/施济光，王飒编著．—北京：中国建筑工业出版社，2005

(全国高等美术院校建筑与环境艺术设计专业教学丛书)

ISBN 7-112-07637-4

Ⅰ．学...　　Ⅱ．①施...　　②王...　　Ⅲ．建筑构造-结构设计-高等学校-教材　　Ⅳ．TU22

中国版本图书馆 CIP 数据核字(2005)第 095295 号

责任编辑：唐　旭　李东禧
装帧设计：王其钧
责任设计：孙　梅
责任校对：王雪竹　李志瑛

全国高等美术院校建筑与环境艺术设计专业教学丛书

学习创造

通用构造基础

施济光　王　飒　编著

＊

中国建筑工业出版社出版 (北京西郊百万庄)

新华书店总店科技发行所发行

世界知识印刷厂印刷

＊

开本：787×960 毫米　1/16　印张：14　　字数：300千字
2005年9月第一版　　2005年9月第一次印刷
印数：1—3000 册　　　定价：**39.00** 元
ISBN 7-112-07637-4
　　(13591)

本社网址：http://www.china-abp.com.cn
网上书店：http://www.china-building.com.cn

《全国高等美术院校建筑与环境艺术设计专业教学丛书》

编 委 会

总　序

中国高等教育的迅猛发展，带动环境艺术设计专业在全国高校的普及。经过多年的努力，这一专业在室内设计和景观设计两个方向上得到快速推进。近年来，建筑学专业在多所美术院校相继开设或正在创办。由此，一个集建筑学、室内设计及景观设计三大方向的综合性建筑学科教学结构在美术学院教学体系中得以逐步建立。

相对于传统的工科建筑教育，美术院校的建筑学科一开始就以融会各种造型艺术的鲜明人文倾向、教学思想和相应的革新探索为社会所瞩目。在美术院校进行建筑学与环境艺术设计教学，可以发挥其学科设置上的优势，以其他艺术专业教学为依托，形成跨学科的教学特色。凭借浓厚的艺术氛围和各艺术学科专业的综合优势，美术学院的建筑学科将更加注重对学生进行人文修养、审美素质和思维能力的培养，鼓励学生从人文艺术角度认识和把握建筑，激发学生的艺术创造力和探索求新精神。有理由相信，美术院校建筑学科培养的人才，将会丰富建筑与环境艺术设计的人才结构，为建筑与环境艺术设计理论与实践注入新思维、新理念。

美术学院建筑学科的师资构成、学生特点、教学方向，以及学习氛围不同于工科院校的建筑学科，后者的办学思路、课程设置和教材不完全适合美术院校的教学需要。美术学院建筑学科要走上健康发展的轨道，就应该有一系列体现自身规律和要求的教材及教学参考书。鉴于这种需要的迫切性，中国建筑工业出版社联合国内各大高等美术院校编写出版"全国高等美术院校建筑与环境艺术设计专业教学丛书"，拟在一段时期内陆续推出已有良好教学实践基础的教材和教学参考书。

建筑学专业在美术学院的重新设立以及环境艺术设计专业的蓬勃发展，都需要我们在教学思想和教学理念上有所总结、有所创新。完善教学大纲，制定严密的教学计划固然重要，但如果不对课程教学规律及其基础问题作深入的探讨和研究，所有的努力难免会流于形式。本丛书将从基础、理论、技术和设计等课程类型出发，始终保持选题和内容的开放性、实验性和研究性，突出建筑与其他造型艺术的互动关系。希望借此加强国内美术院校建筑学科的基础建设和教学交流，推进具有美术院校建筑学科特色的教学体系的建立。

本丛书内容涵盖建筑学、室内设计、景观设计三个专业方向，由国内著名美术院校建筑和环境艺术设计专业的学术带头人组成高水准的编委会，并由各高校具有丰富教学经验和探索实验精神的骨干教师组成作者队伍。相信这套综合反映国内著名美术院校建筑、环境艺术设计教学思想和实践的丛书，会对美术院校建筑学和环境艺术专业学生、教师有所助益，其创新视角和探索精神亦会对工科院校的建筑教学有借鉴意义。

吕品晶

中央美术学院建筑学院教授

前　言

　　构造是建筑学、室内设计、环境艺术专业中的一门重要的理论联系实践的课程，尤其是建筑学专业的构造课程已经形成了系统的教学方法。但是，在我国的艺术类教育中，建筑学专业训练大都是从形象和感受入手，先入为主地排除了技术理念的培养，而对于艺术院校的学生而言，形象和感受的训练更是根深蒂固。在不能够对整体的教学构架进行调整的情况下，技术类课程的教学，就成为一个值得探讨的问题。近些年来，随着建筑、室内装饰和环境景观事业的不断发展，相继出现了大量的建筑构造、装饰构造和景观构造的教材和参考书。这些构造知识在通常的讲解中，以技术性问题的介绍为主，整篇数据的罗列，图样的陈列，至多还有原理的讲解，不论是分门别类按照建筑部位介绍，还是根据材料的特性编排，抑或是对一整幢建筑的建造进行分析，都难以吸引初学者的目光，并引发进一步探索的兴趣。

　　总结起来，当前的一些构造教材和参考书一般都存在以下两个方面的不足：

　　第一、知识的介绍相对片面、封闭、缺乏必要的广度和开放性。各种教材以专业为限，建筑、装饰、景观彼此之间缺少必要的联系和渗透。但是，这些专业之间本就有着密不可分的内在的本质的关联，对美术院校的建筑学和环境艺术专业而言，其教学范畴涵盖了建筑、装饰及景观，甚至还涉及园林。如果我们将这几个专业的教材放在一起，就不难发现其基本原理是一致的。既然如此，我们为什么不想办法让初学者少走一些弯路呢？试图解决上述这些问题就是本书的编写初衷。

　　第二、知识讲解因循传统，缺少创造性与灵活性。现有教材大多以讲述已有的构造做法与工艺为主。由于技术是在不断发展的，构造做法也在不断地发展变化着，现有的很快就会成为过去式；即便技术没有什么革命性的变化，对传统材料或传统工艺的非传统的创造性应用，在工程设计实践中也是非常必要的。所以对构造的学习，不能够仅仅满足于学会已有的某些知识和做法，而应当让学生在掌握基本构造学原理的基础上，不对材料和工艺产生"成见"，从而激发学生们对构造做法主动探索的创造意识，这才是更重要的。

　　根据以上认识以及构造学自身的知识结构特点，本教材在内容编排和体例编排上进行了一些新的尝试。

　　本教材的内容设置上突出了如下三方面：

　　1. 重原理、偏基础的构造知识为主

　　本书尽量回避对现有的构造知识的简单复述，尤其是某些具体的做法，而是以详细介绍原理性、原则性的构造知识为主。这样做的好处就是可以使同学们对基础知识不至于产生形而上的理解，了解了基本原理，再通过一定的社会实践，最终可以使同学们在构造学领域能够达到游刃有余、高屋建瓴的境界。

2．通用性——"跨学科"的、宽范畴的知识涵盖

前面已经提到，本书是将建筑构造、装饰构造、景观构造等专项的构造技术知识进行有机的系统的重组，作为本书的基本知识理论构架。这样做是因为这些所谓的独立学科间的界线实在是无法清晰地界定。在现实当中我们经常见到搞建筑的不懂也不管环境工程和室内装修，搞装修工程的不懂基本的建筑构造常识……，造成很多不必要的失误。只要我们放眼看一下身边的世界，就会明白这种现象必将变为历史，只精通孤立知识范畴的设计者将逐渐为历史所淘汰，而我们将要培养的应该是具有宽泛的知识能力基础、具有超强的适应能力、有特长的专业设计人才，本书就是以此为目的写成的。

3．创造性的教学与实践训练

"创造性"是本书的又一核心所在，可以说是本书的精髓。通常的理解，构造是一门技术性的学科，多学习就可以了，而实际上，我个人以为，构造更是一门极富且亟需创造性的学科。可以说，没有前人在构造技术上的不断创新，也就没有当今在专业范畴内的辉煌成就。因此强调构造技术的创造性也是本书区别于其他同类书的一大特点。"创造性"在本书中主要从以下三个方面加以体现。第一是在基础知识的讲授过程中，不断强调和渗透创造性与构造技术的关系，强调创造性对于构造技术的重要性。第二是在于课程考察与训练作业的设置，强调在基本知识原理的指导下，有所创造性地完成，强调作业中创造性元素的重要性，这在本书的第十一讲有详细的介绍。第三就是在授课过程中同时伴随着创造性的实际工程实例的引用与创造性构造理念的及时渗透。

本教材在体例编排上也多有考虑：

1．章节编排

本教材编写了十七讲的内容，分三篇介绍了建筑工程、建筑装饰和室外环境三大部分的构造知识，建筑工程知识是构造知识的基础，而建筑装饰和室外环境是环境艺术学科的主要内容，三篇内容各自独立，可以适应不同的教学需要。

2．知识分类

为适应学生的专业特点和接受能力，将每一讲内的内容按照基本概念、基本知识、基本做法和扩展知识四部分进行编排。基本概念中介绍构件的名称分类含义等，集中在第一篇当中，使学生形成对建筑构成的基础了解；基本知识中对建筑和环境组成的分类和构造的原理进行进一步的讲解；基本做法中集中介绍建筑和环境各组成部分的基本构造方式和技术要求；扩展知识中对特殊的原理和做法进行简单的介绍，开拓学生的视野。

3．图片选择

在版式安排上，图片与文字并重，技术图片与实景照片并重，不但突出构造的技术特性，同样突出技术所能实现的艺术特性。图片及案例多选择典型的、新近的做法和作品。

本教材，体例上分讲，知识上分类，可以根据需要选择相应篇章的不同类别的知识讲解，为教学提供了很大的灵活性。内容上兼顾技术知识的介绍和技术效果的说明，给学生提供了不同的兴趣点。希望这样的编排能够适应当前专业发展对构造课程的需要，并恳请专家学者批评指正。

目　录

绪　论

第一讲　构造技术的发展与创造

图1-1　原始人的简陋、初级的庇护所。利用天然的材料，简单地重组而成

图1-2　印第安部落的简单的庇护所。对天然的材料进行初级的加工、处理、组合，对自然界的依赖程度极高

图1-3　通过不断发展的技术，现代人可以创造出舒适的庇护环境。莱比锡

　　人类的生活离不开一定的物质环境，如果我们能够不断地对我们的生活环境加以改造，那将是人们所愿意看到的。从事这一工作的行业在国内一般被分为：城市规划、建筑学和环境艺术设计三个专业，而环境艺术专业又包含室外景观和室内装饰两个专业。其实，无论是建筑还是环境艺术都是历史的产物，并随着时代的发展而不断变化着，并且这些艺术都是以一定水平的技术为依托的。也就是说人类越是向前发展，其技术水平也就越高，按照自己的意志改造身边的生存环境的能力也就越强。

　　无论是建筑还是环境艺术设计，其宗旨都是满足人们生理与心理需要，创造理想的生存空间。建筑与环境艺术包括的一切人工环境，一方面是为了满足人们物质生活的需要而建造的；另一方面各类建筑还应满足人们不同的艺术审美需求。因此，很多作品就成了集技术和艺术于一身的综合体。在设计的实践中，只有将艺术与技术有机、合理地结合，才能创造出既能满足人们的生理要求，又能满足人们的心理需求的理想生存环境。

　　一方面，技术范畴要解决的问题是满足人们的生理使用要求，创造舒适的生存环境。只有通过合理的设计、精确的结构计算、严密的构造方式，以及协调配合建筑、结构、电气、给排水、供暖、通风、空调、绿化等各专业，

1

这种生存环境才能实现。另一方面,艺术领域要解决的问题是创造优美的环境,以满足心理需求,只有通过必要的艺术设计,才能满足人们的审美需求。而艺术设计的成果又要靠相应的技术条件才能得以实现。所以,从设计的本质上来说,技术和艺术两者是统一的合作关系。作为一名优秀的设计师,应该既要懂艺术,也要懂技术。

图1-4　沙漠旅行中的简单的庇护所。无论多简单的庇护所,也是为人们提供相对舒适的生存小环境(引自《建筑初步》)

从另外一个角度来说,环境艺术设计的目的只有通过技术途径才能实现。再美的设计如果不合乎基本的构造原理,也难以展现在世人面前。但是,进步的构造技术不应该成为创作的障碍,恰恰相反,创造性的进步的构造技术正是一大批艺术家们所钟爱的创作源泉。设计艺术要求技术的创造。

就像设计作品没有相应的技术支持就无法实现一样,技术要创新也需要艺术的灵感。著名的工程师兼建筑师富勒说过:"艺术家经常凭他们的想像力构想出一种模式,而科学家则是后来才在自然中发现它。"

构造技术是建筑、环境艺术专业的通用工程技术课程。一般认为它主要阐述与建筑、环境艺术工程有关的材料的选择和应用,以及施工的方法和合理性,还要训练学生掌握

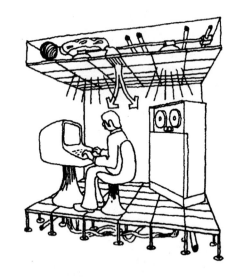

图1-5　技术越是发达,给人们提供的庇护空间也就越舒适、安全(引自《建筑初步》)

绘制相应施工图的技能。但本书要讲述的核心内容,绝不仅仅是这些。我们知道,要想成为一名优秀的设计师,只做到艺术与技术的统一还不够,我们必须具备足够的创造性,本教程的宗旨就是要通过学习具体的已有的构造技术,着力于提高学习者的运用技术再创造的能力与意识,并且我个人以为,创造意识的培养才是最基本最重要的。列夫·托尔斯泰曾经说过:"如果学生在学校里学习的结果,是使自己什么也不会创造,那么他的一生将永远是模仿和抄袭。"创造性是一名优秀设计师所必须具有的素质。

创造就是首次造出未曾有过的事物,也可说是打破旧秩序,建立新秩序。

景观等一切环境构造领域中的构造技术同样需要创造,这种创造包

含很多方面。比如形式和构造技术方法的创造，而形式的创造又是以构造技术为依托的。因此创造性对于构造技术来说尤其重要，可以说是它的灵魂。的确，我们都是从一些具体的、已有的构造做法开始学习的，但这并不是我们根本的目的。正如所谓"欲出世，必先入世"，是的，"入世"是为"出世"，"入世"是手段、方法、过程，而"出世"才是目的。学习已有的知识既是入世，出世就是让我们有能力去应付各种实际的新的技术问题，再进一步就是有能力去创造出新的做法。看一下身边的作品，哪一件有着深远影响力的优秀作品不是包含了大量的创新之处。

创造性本身也是一个历史范畴的问题，许多现在看来很平常的东西，曾经就是伟大的创造，同样，现在看是创造性的事物，随着时间的推移，也必将趋于平凡。正所谓长江后浪推前浪。纵观历史，无论各个行业、各个领域的进步和发展都是由科学技术的创新带动的，就算是社会形态的演进也不例外。正如我们所见到的，如果没有蒸汽机的发明，资本主义也就无法产生和壮大；如果没有成熟的钢筋混凝土技术，我们现在所说的现代建筑又从何谈起呢？如果说这太宏观，我们无法把握，微观角度又何尝不是这样，由于各种新材料新技术的诞生，许多过去想都不敢想的做法就变得很自然了；有了轻质板材，分隔房间就不必太过担心楼板的承载能力了；有了轻钢龙骨，各种形式的吊顶就变得轻而易举……

就构造技术而言，创造性主要体现在以下两方面：

第一，真正的科学性的技术创新，这是具有革命性的，是随着自然科学技术的发展进步，由艺术家和设计师们发挥想像力，由科学家们实现的。这样的创新必然带动时代进步和发展，是推动建筑历史演进的原动力之一。

这种"创造性"确是一个历史范畴的名词，在一定历史时期内，原本的创造性元素会随着时间的推移会转变为平凡，甚至可能会成为阻碍发展的消极因素。也就是说，我们要辩证地看待创造性问题，可能你身边的一些看似平凡的事物，可能是曾经很伟大的创造。

就如大空间的穹顶技术吧，早在1296年就开始兴建的佛罗伦萨大教堂，就是因为无法解决一个直径42m的穹顶，一直无法完工，直到1420年，才由伯鲁乃列斯基提出解决方案，1434年得以建成，这个直径42m，高30余米的穹顶在当时简直就是奇迹，其所用结构也是庞大得简直令人无法想像。然而，这样的一个穹顶空间在现在实在是不值一提。现在不论是用钢筋混凝土还是用金属网架，都可以轻易地造出比大教堂穹顶大几倍十几倍的大空间来。

佛罗伦萨圣玛丽亚大教堂穹顶（Domw of S.Maria del fiore,1420—年）。伯鲁乃列斯基设计，内径高30余米

3

图1-7 佛罗伦萨圣玛丽亚大教堂穹顶结构夹层内部空间

图1-8 利用钢结构玻璃幕穹顶技术将历史建筑联结起来形成舒适的室内步行空间。意大利汪贝鲁一世风雨商业街

图1-9 德国柏林帝国大厦改造工程中的"象征性"穹顶

图1-10 德国柏林帝国大厦改造工程中的"象征性"穹顶内部

图1-11 德国莱比锡火车站的大跨度钢结构拱顶

第二，发挥设计师们的艺术再创造能力。就是利用已有的材料、技术，不拘泥于原有的技术规范，在遵循一定的科学原则的前提下，创造出新的应用方式。这可能是设计师们更感兴趣也更容易做到的。原本不起眼的材料工艺，经过这样的再创造，很可能会创造出意想不到的、美妙的效果。

材料的选择既要考虑它的性质和效果，看它能够做什么，不能做什么，是怎样连接或怎样构成的；又与业主和设计师的个性、喜好和对材料的认识、了解有关。对许多成功的设计师而言，对材料的运用却并非出自偶然。历史上有砖石建筑大师、钢结构建筑大师或混凝土建筑大师，如阿尔托、密斯、柯布西耶等等；或者近一点的路易斯·康、罗杰斯、安藤等。他们对材料的认同、感觉和表现技巧不是天生

图1-12　中国历史民居中的磨砖对缝照壁。山西王家大院

图1-13　中国历史民居中的磨砖对缝清水砖墙。山西乔家大院

图1-14　德国建筑中的清水山墙。德国莱比锡

图1-15 现代建筑中简洁
明快的清水砖墙

图1-16 中西合璧建筑中的清水砖墙。上海

图1-17 中国历史民居中的清水砖墙、砖铺地。山
西王家大院

图1-18 皇宫中的金砖铺地

图1-19 荷兰建筑中典型的清水砖墙与砖铺地

的，是修炼而来的。重要的是要花时间去认识它、信任它、掌握它，进而对它进行再创造。一天换一种材料进行建造的设计师就像一天用一种设计语言来进行设计创作的人一样，不太可能是一个成功的设计师。反过来说，任何一种材料、工艺的用法也绝对不会是惟一的，它一定还有许多没有被人们认识到的特性，发现这些特性，并在适当的时机恰当地利用它们，你就有可能获得意想不到的成功。

比如说黏土砖，可以说普通得不能再普通了，在建筑工地是一种极普通的建筑材料，本来是用来建造墙体的，现在常见的做法还要在其表面再做装饰，以便将其粗糙的表面掩盖掉。黏土砖本是一种很古老的建筑材料，在历史上的中国，黏土砖是青灰色的，人们将其表面打磨平整然后砌成墙体——称之为磨砖对缝，将平直的砖缝直接暴露在外，不用额外的装饰，显示出中国文明特有的含蓄与雍容；精致的方砖，胚土选淘繁复，烧制精良，浸以生桐油，铺砌在室内，光亮鉴人，不涩不滑，称为"金砖漫地"；在江南园林中，由于砖本身的吸附性，在潮湿的季节经常会在上面生出苔藓，这正是中国文人们所钟爱的境界；荷兰人也喜欢用砖，但他们用的是"红砖"，很有特色，现在如果要做一个荷兰式建筑的话，红砖墙、红砖地是必不可少的了。

现在的红砖可能是表面太粗糙，很少有人会将它们直接暴露在外，还有人用外墙砖瓷砖做成清水砖墙的效果。其实砖的生命力是很强的，通过不同的应用，可以创造出千变万化的效果 在巴塞罗那海滨有一处小广场，是用粗糙的红砖铺成的，而且砖是平放的（荷兰人是将砖侧立铺在地上的），而且广场上还有几处曲线的凸起，又有几处精加工石材与其对比，显得极具亲和力、有极富想像力；就算是清水砖墙，由于砖的不同摆放方式，也会有千变万化的效果，建筑大师矶崎新就钟情于此。

图1-20　现代砖铺地
海滨小广场。西班牙
巴塞罗那海滨

还有一种大家都很熟悉的材料——混凝土,它是一种廉价的材料,应用十分广泛,广泛到如果没有混凝土,现在的建筑不知还能不能建成。

混凝土材料的使用已有悠久的历史。古罗马人早就懂得把石头、砂子和一种在维苏威火山地区发现的粉尘物与水混合制成混凝土。这种历史上最古老的混凝土使古罗马人建造了像万神庙穹顶这样的建筑奇迹。但是,因为它在强度上的局限性和加工的复杂性没能得以普及。另外这种无定形的材料也因为与古罗马建筑的审美理想不相称,所以以后多被用在像公共温泉浴室这样的世俗建筑中,大量采用的建材仍然是石材。

图1-21 罗马万神庙的混凝土穹顶(Pantheon 120—124年),穹顶直径43.43m,底部厚度6.2m,顶部中央开设直径8.23m的圆洞。意大利罗马

图1-22 罗马万神庙的混凝土穹顶内部

图1-24 罗马大斗兽场局部

图1-25 古罗马的公共浴场(thermae),拱券为混凝土结构。意大利罗马

图1-23 罗马大斗兽场(Colosseum、公元70—82年),采用混凝土筒形拱和交叉拱。意大利罗马

图1-26　施工过程中的钢筋混凝土结构框架

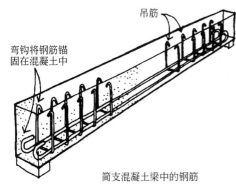

吊筋

弯钩将钢筋锚
固在混凝土中

简支混凝土梁中的钢筋

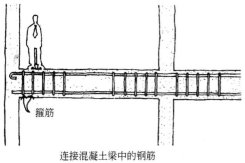

箍筋

连接混凝土梁中的钢筋

图1-27　钢筋与混凝土的基本组合工作原理（引自《建筑初步》）

直到文艺复兴时期，在维特鲁威的《建筑十书》中曾提到这种材料的用法。然而现代意义上的混凝土直到19世纪才出现——由骨料（砂、石）和水泥、水混合而成。

1824年英国人发明了波特兰水泥，大大增强了这种材料的强度，1845年以后已可以投入工业化生产。1848年法国人又发明了钢筋混凝土，增强了混凝土材料的抗拉性能，开辟了混凝土材料更广泛的应用领域。1894年建成了世界上第一座钢筋混凝土教堂（St.-Jean de Montmarte）。

混凝土主要用作梁、板、柱等承重结构的结构材料。

混凝土材料虽然在2000多年以前开始使用，但钢筋混凝土材料的应用才100多年。到20世纪20年代，柯布西耶倡导"粗野"，房屋外墙抹灰也显得多余，暴露墙体结构，拆了模板不抹灰的混凝土建筑开始抛头露面，被称为素混凝土或清水混凝土建筑，它是混凝土建筑中最引人注目的，在20世纪50年代以来曾风靡一时。混凝土这种古老的建筑材料与现代建筑形影相伴，在二战后住房危机及战后重建中，混凝土更是扮演了"救世主"的角色。

然而在20世纪60年代到80年代，人们一般还是认为混凝土是"丑陋"和"非人道"的，因为它会对环境造成破坏——生产混凝土会消耗大量的能源；硬化后的混凝土在自然界中很难被降解，无法循环再生……。但由于其优秀的结构性能，现在混凝土多被作为骨架、作为结构材料，被各种贴面、涂料所伪装，被生态所绿化，被幕墙所遮掩。

9

图 1—28　莱比锡街头建筑的墙面彩绘装饰

　　这种被朗普莱希特誉为"万用之石"的经典建材，一方面持久地起着不可或缺的重要作用；另一方面，经过许多天才建筑师的巧手慧心，利用混凝土材料坚固、经济、可塑性强以及巨大的表现力等特质，为我们谱写了混凝土建筑的颂歌。

　　就是这种"丑陋"的材料，却就是有那么一些人对其情有独钟，把它用得出神入化，创造出了丰富多彩的、震古烁今的优秀作品。

　　早在20世纪五六十年代，已涌现出大批用"丑陋"的混凝土材料建造的建筑师，如柯布西耶、吉瑟尔(E．Gisel)、费德雷尔(W．M．Foederer)、鲁道夫(P．Rudolf)、博姆(G．Boehm)、丹下健三等等，他们以自己特有的技巧为我们塑造了混凝土建筑的经典之作。

　　柯布西耶等人追求混凝土表里合一的各种表现手法，利用混凝土的流动性、可塑性、干燥后的高强度等特性，探索造型的各种可能性。柯布西耶在昌迪加尔以当地仅有的铁桶外皮作为模板浇筑混凝土，第一次建成了真正意义上的钢筋混凝土建筑。虽然素混凝土建筑在20世纪50年代以前就已出现，但还没有像昌迪加尔政府区这样，建筑师以结构和材料的真实表现为准则，使整组建筑群以强烈的雕塑感和形体及空间塑造上的独特性成为混凝土材料应用上的一个大型剧目。还有朗香教堂、马赛公寓。

图1-29 昌迪加尔行政大楼(柯布西耶 1951—1958年),粗野主义的清水混凝土建筑。印度旁遮普邦首府昌迪加尔

图1-30 马赛公寓(柯布西耶 1947—1953年),粗野主义代表作。法国马赛

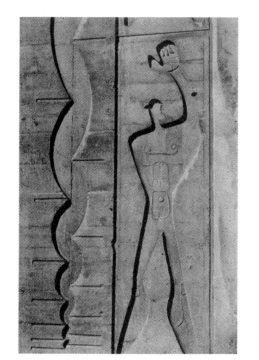

图1-31 郎香教堂(柯布西耶 1950—1955年),粗野主义代表作。法国郎香(引自《世界建筑》128)

11

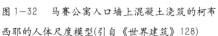

图1-32 马赛公寓入口墙上混凝土浇筑的柯布西耶的人体尺度模型(引自《世界建筑》128)

现在混凝土的创造性应用主要体现在混凝土饰面上（作为结构材料的变化相对有限）。由于混凝土的流动、凝固、硬化的特性，混凝土饰面可创造出丰富多彩的纹理和质感。

图1-33　瑞士自由人文科学学院(1964年，鲁道夫·斯坦纳)，清水混凝土建筑(引自《世界建筑》128)

图1-34　现代建筑的局部混凝土墙面

　　路易斯·康、安藤忠雄等人设计的混凝土饰面建筑，更关心混凝土的质感及其所能表达的精神性。混凝土饰面的那种肃穆的感觉，与日本传统的灰色调、质感、抽象性相吻合，反映了日本传统中一种"最低限"的精神。所以混凝土饰面在日本赢得了广泛的认同，甚至在室内也有应用。

图1-35　安藤忠雄设计的小筱邸内景，清水混凝土室内墙面(引自《世界建筑》128)

图1-37　安藤忠雄设计的小筱邸内景，清水混凝土室内墙面(引自《世界建筑》128)

图1-36　安藤忠雄设计的小筱邸内景，清水混凝土室内墙面(引自《世界建筑》128)

图1-38　柏林联邦议会办公楼的清水混凝土墙体

13

由于混凝土具有很强的拓印功能,利用此特性使用天然木板(杉木等)作模板可将木纹原封不动拓印下来,有一种取之自然、融于自然的返璞归真的质感。

在浇筑混凝土前预先埋置大理石、花岗石、金属板等其他材料,浇筑脱模之后,与混凝土墙体融为一体形成饰面。通过无序点饰的镜面把周围景观映射到建筑上可以说是多种异质材料的共生(琥珀厅)。

图1-39 德国威廉·莱姆布瑞克博物馆,留有清晰木模板印痕的清水混凝土墙面1959-1964年(引自《世界建筑》128)

图1-40 鹿野苑石刻艺术博物馆,清水混凝土内墙(引自《时代建筑》2003.05)

图1-41

图1-42

图41、42日本久慈市文化会馆琥珀厅,清水混凝土的外墙面上装饰着一些不规则布置的抛光钛板(引自《世界建筑》128)

另外拆模之后的细琢饰面或斩假石饰面，粗犷有力，能表现出层次丰富的光线变化，也有石材的效果。

作为第一代现代建筑大师之一的赖特又一个论点：技术为艺术服务。其大量的创造性的应用混凝土就是这一论点的有力佐证。首先是在结构构件上的创造性应用，1939年在约翰逊制蜡公司办公楼中，赖特别出心裁的采用了几十根自承重的支柱，柱子上大下小、白色颀长如热带植物，上部与18英尺直径的圆盘构成整体，中间的空隙用组成图案的玻璃管填充，让天然的阳光柔和地洒进室内。这个结构与梁柱系统截然不同，又完全实现了必要的结构功能，从美学角度，这些"柔软"而重复的轻盈漂浮的空茎植物般的支柱，创造了一种全新的空间体验。尽管后来使用证明这种结构的防水是一个难以解决的问题，但除此之外的艺术及技术创造性还是令人赞叹的。

图1-43　混凝土斩假石墙面。美国耶鲁大学艺术与建筑馆。保罗·鲁道夫，1961—1963年（引自《世界建筑》128）

图1-44　约翰逊公司办公楼内景，独特的混凝土柱子与屋顶结构是设计师赖特"有机建筑"理论的体现。赖特，1936—1939年

图1-45　预制的装饰性混凝土砌块，这种使用木模或铝模浇筑混凝土砌块的建造方式及其装饰纹样，成为大师赖特一段时期内建筑风格的显著特点之一（引自《建筑细部》2004年第2期）

15

赖特对混凝土还有另外一种别出心裁的应用——混凝土塑性砌块。混凝土砌体在技术上是创新的，每个砌块重约20kg左右，以便于工人操作，现场预制。砌筑时在砌块间插入钢筋后浇混凝土，因而形成既可抗压又抗弯的整体结构。砌块可以采用很多装饰母题，从而可以使建筑与周围环境融为一体。带花纹的混凝土砌块筑成的厚实墙体，布满相同图案的表面以及有镂空砌块投进室内的光斑闪烁着迷人的气氛。

此外，混凝土地面应该说是一种极普遍的地面做法，但也被创造出了很多丰富多彩的新做法：(1)模压混凝土；(2)彩色混凝土；(3)与大理石、花岗石、金属板等材料组合成的地面；(4)混凝土地砖地面应该也算一种，等等。

图1-46 赖特的混凝土砌块，既为建筑提供结构支撑，又是室内外的装饰(引自《建筑细部》2004年第2期)

图1-47 利用各种不同直径的金属管材造成的现代城市雕塑，材料工艺比较简单，关键是对材料的创造性应用。法国巴黎德方斯新区

图1-48 法国巴黎拉维莱特公园内的混凝土与大理石板结合的地面

图1-49 北京海淀某现代景观中的模压式混凝土地面

混凝土饰面的色彩比其他材料蕴含着更多的可能性。混凝土饰面的色彩可分为两大类：彩色和灰色。

彩色类是在混凝土中加颜料添加剂。根据颜料色彩的不同可形成黄、绿、青、紫等各种彩色混凝土。水泥则一般使用白水泥。

灰色类根据水泥的种类、骨料的种类和色调可调配出从浅到深的不同层次的灰色调。层次丰富的灰色正是混凝土饰面的魅力所在。从近似铝合金的银灰色到近似砖瓦的深灰色，加上丰富多彩的纹理和质感，使混凝土饰面能与其他材料相协调。

以上只是黏土砖和混凝土两种极普通的材料，其应用就有着如此丰富的变化，这许多做法的变换、演进过程本身就是一种创造，尽管有许多创造的具体过程已无法考证了，但那又有什么关系呢，只要我们能够时刻提醒自己——这样的创造或许我们也能做到，或许我们也能成为发展的动力之一，那就足够了。

构造技术及其创造性在身边无处不在，一件作品的建成，无论规模、性质如何，都必须以一定的构造技术为依托，这技术或简单或复杂、或传统或创新都没关系。创造性也不一定要多么的高技术高难度，其实可能就是一点灵感的小火花，就会使人们为之眼前一亮；也不一定就真的是什么前无古人的创造，对于设计者而言，就是要勇于去探索自己所未知的，发展自己的思维灵活性，不要让技术问题成为创意的障碍，如果能让其成为思维的推动力不是更好么。这样，创造、创意与构造技术就变成你中有我我中有你般的密不可分了。

17

0 太原某开放式办公室的浮雕壁饰，利的PVC管材，经过创造性的拼装组织处理，了一组简洁明快的现代艺术作品。马克02 年

图1-51 太原某开放式办公室的浮雕壁饰，利用廉价的PVC管材，经过创造性的拼装组织处理，就形成了一组简洁明快的现代艺术作品。马克辛，2002 年

图1-52　德国柏林帝国大厦前的地面雕塑。由形状各异的钢板侧立组成。端面上记录着历史事件及时间

图1-54　巴黎阿拉伯世界研究中心地面灯饰。法国

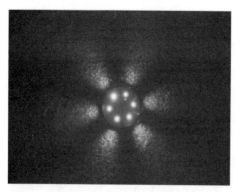

图1-53　巴黎阿拉伯世界研究中心地面灯饰。法国

图1-55　莱比锡街头的艺术灯饰。原本平常的路灯，经过一番艺术创作处理，其效果的确出众。德国

　　大部分看是普通的材料、技术，只要我们认真地去研究，就会发现它们的闪光点。

　　其实我在这里探讨创造性的根本的目的，并不是教人如何去创造，而是告诉大家无论是做设计还是什么都要有一种创造的意识、创造的精神，不因循、不教条，勇于探索，只有这样才是发展的、进步的惟一途径。

图1-56　柏林波斯坦广场建筑群（一），利用干挂技术将特制的陶板镶嵌成为墙体，其质感、效果令人赞叹

图1-57　柏林波斯坦广场建筑群（二），利用干挂技术将特制的陶板镶嵌成为墙体，其质感、效果令人赞叹

图1-58　法国巴黎国家图书馆前马路上的金属网覆盖的街心绿化，及相应形成的树坑

第二讲　认识建筑

建筑构造是一切构造知识的基础,我们天天要与建筑发生联系,在日常的生活经验中,人们都有自己对建筑的认识,有很多关于建筑的名词也都已经认识,但是为了后面学习的方便,我们先来系统地了解一下建筑的分类、建筑的基本组成、与建筑设计有关的种种因素,以及建筑设计中使用的模数标准。

基本概念:建筑物的分类

人们使用的建筑多种多样,我们可以按照建筑的使用性质、建筑的高度、建筑结构的材料和类型对建筑进行分类。

一、建筑按使用性质分类

1. 民用建筑:指的是供人们工作、学习、生活、居住等的建筑类型。通常又分为两大类。

(1)居住建筑:如住宅、单身宿舍、招待所等,以满足人们的基本居住需求为主。

图 2-1　美国麻省理工学院西雅图学生公寓(引自《斯蒂文·霍尔的作品与思想》)

图 2-2　达尔雅瓦别墅(引自《瑞姆·库哈斯的作品与思想》)

（2）公共建筑：如办公、科教、文体、商业、医疗、邮电、广播、交通和其他建筑等，以满足人们各种物质和精神生活服务需求为主。

图 2-3　芬兰赫尔辛基当代艺术博物馆(引自《斯蒂文·霍尔的作品与思想》)

图 2-4　欧洲迪斯尼娱乐中心(引自《弗兰克·盖里的作品与思想》)

图 2-5　托雷多大学视觉艺术中心(引自《弗兰克·盖里的作品与思想》)

21

2．工业建筑：指的是各类厂房和为生产提供服务的附属用房。
通常按层数我们可以将厂房分为三类：

(1) 单层工业厂房；

(2) 多层工业厂房；

(3) 层次混合的工业厂房。

3．农业建筑：指各类供农业生产使用的房屋，如种子库、拖拉机
站等。

图 2-6　奥夫丹姆沃夫铁路机车仓库(引自《赫尔佐格和德穆隆的作品与思想》)

图 2-7　纳帕山谷多明莱斯葡萄酒厂(引自《赫尔佐格和德穆隆的作品与思想》)

二、按建筑层数或总高度分类

1. 住宅建筑：1～3层为低层，4～6层为多层；7～9层为中高层；10层及以上为高层。

2. 公共建筑及综合性建筑总高度超过24m为高层，低于或等于24m为多层。

3. 建筑总高度超过100m时，不论其是住宅或公共建筑均为超高层。

4. 联合国经济事务部于1974年针对当时世界高层建筑的发展情况，把高层建筑划分为四种类型。

（1）低高层建筑：层数为9～16层，建筑高度最高为50m。

（2）中高层建筑：层数为17～25层，建筑总高为50～75m。

（3）高高层建筑：层数为26～40层，建筑总高可达100m。

（4）超高层建筑：层数为40层以上，建筑总高在100m以上。

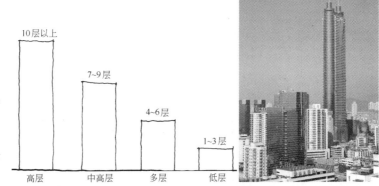

图2-8　建筑高度分类

图2-9　高层建筑景观。深圳

图2-10　低层、多层、高层建筑，历史建筑、现代建筑杂陈的城市景观。北京市

三、按结构类型分

应用木材、砖石、钢筋混凝土、钢材等材料都可以建造建筑，根据建筑承重构件所选用的建筑材料、制作方式与传力方式的不同可以划分不同的结构类型，建筑的结构类型一般分为以下几种：

1. **砌体结构**：竖向承重构件（多指墙体）以普通黏土砖、黏土多孔砖或承重混凝土空心小砌块等材料砌筑；水平承重构件（楼板及屋面板）采用钢筋混凝土或木材等。主要用于多层、无大空间要求的建筑中。现在国内大量建造的多层住宅及部分中小型公共建筑（普通办公楼、学校、小型医院等）都属于这一类。

砌体结构的主要优点：主要承重结构（承重墙）是用砖（或其他块体）砌筑而成的，这种材料任何地区都有，便于就地取材；墙体既能满足维护和分割的需要，又可作为承重结构，一举两得；施工比较简单，进度快，技术要求低，施工设备也比较简单。

砌体结构的主要缺点：砌体强度比混凝土强度低得多，故建造房屋的层数有限，一般不超过7层；砌体是脆性材料，抗压能力尚可，抗拉、抗剪强度都很低，故整体较松散，因此抗震性能较差；因为横墙间距受到限制，故不可能获得较大空间。

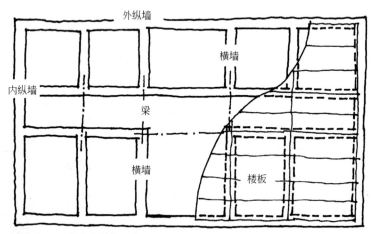

图 2-11 砌体结构房屋的典型平面

2. **框架结构**：承重部分由钢筋混凝土或钢材制作的梁、板、柱形成的骨架承担，墙体只起围护和分隔作用。框架结构的工作原理是：工作荷载传递给楼板，再由楼板传递给梁，梁再传到柱子上，最后由柱传递给基础。建筑的框架就如人体的骨骼，是骨

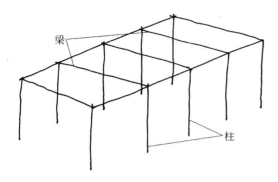

图 2-12 柱子和梁形成的框架结构

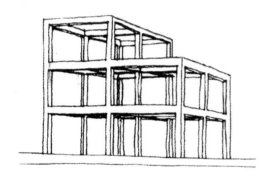

图 2-13 框架结构

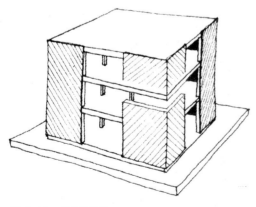

图 2-14 剪力墙结构

骼撑起了整个的人体,一个人的骨骼是一定的,胖瘦却不一定。墙体就像皮肤,可能粗糙也可能细腻、可能白皙也可能黝黑……框架结构一般适用于多层的公共建筑以及一般的高层建筑(60m以下)。框架结构由于平面和立面布置相对灵活、技术难度不大、空间适用性较强(可以产生各种大小、形状的空间)等特点,现在国内建筑界正大量采用。

3.剪力墙结构:这种结构的竖向承重构件主要由钢筋混凝土墙体来承担,这种墙体有较强的承担风或地震等作用传来的水平作用力(剪力)的能力,比框架结构有更好的抗侧力能力,因此可建造较高的建筑物。由于墙体间距的限制,空间灵活性较差,一般多用于住宅、公寓和旅馆等建筑中,剪力墙结构的平面形式有些类似砌体结构。

4.框架剪力墙结构:是由框架构成自由灵活的使用空间,来满足不同建筑功能的需要;同时利用局部的、适当数量的剪力墙使建筑具有较强的抗侧向力能力,从而可以建成较框架结构更高更稳固的建筑。

5.筒体结构:剪力墙只能在平面内抵抗侧向力,是一种平面结构,当建筑很高时(超高层)就不能满足稳定的要求,这时我们就要采用具有空间受力性能的筒体结构。其基本特征是:水平力主要是由一个或多个空间受力的竖向筒体承受。筒体可以剪力墙组成,也可以由密柱框筒组成。

筒体结构的类型见图2-15:

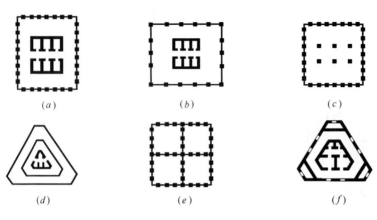

图 2-15　简体结构类型

(a)简中简结构：由中央剪力墙内简和周边外框简组成；框简由密柱（柱距3m）、高梁组成。"9.11"被炸的世贸中心就属于这种结构类型；(b)简体－框架结构：也叫框架－核心简结构，由中央剪力墙核心简和周边外框架组成；(c)框简结构；(d)多重简结构；(e)束简结构；(f)多简体结构。

　　6．**特种结构**：这种结构又称为空间结构。它包括：悬索、桁架、网架、拱、壳体、张拉膜等结构形式。这种结构多用于大跨度（30m以上）的公共建筑中。

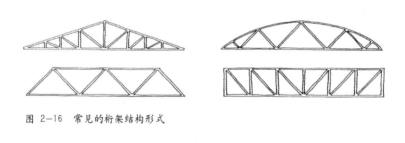

图 2-16　常见的桁架结构形式

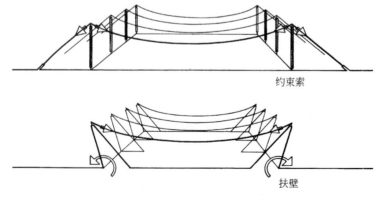

约束索

扶壁

图 2-17　悬索结构

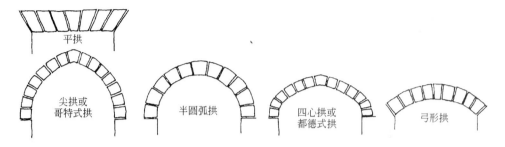

平拱

尖拱或
哥特式拱　　半圆弧拱　　四心拱或
都德式拱　　弓形拱

图 2—18　拱券结构

图 2—19　南威尔士微处理器工厂——悬索结
构(引自《建筑细部》2004 年第 2 期)

图 2—20　法兰克福火车站——拱顶结构

图 2—21　包豪斯校园内的张拉膜结构

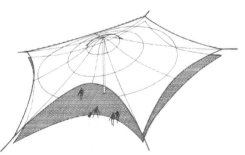

图 2—22　张拉膜结构图示

27

基本概念：建筑各部的基本名称

一幢建筑物，不论是民用建筑还是工业建筑，一般均由基础、墙柱、楼地面、屋顶、楼梯和门窗 6 大部分组成。

（1）**基础**：基础是房屋底部与地基接触的承重结构，它的作用是把房屋上部的荷载通过墙或柱传给地基。基础一般在建筑物的最下部，深埋在室外地面以下，犹如大树的根系，能使建筑物足够稳固。

（2）**墙(或柱)**：是建筑物的竖直承重部分，犹如骨骼，支撑起整栋建筑。在墙承重的房屋中，墙既是承重结构，又是围护构件。在框架结构的房屋中，柱是承重构件，而墙仅作为分隔房间的隔墙或遮蔽风雨、减轻阳光辐射的围护构件。

图 2-23 这是一个大剧院的模型，模型展示了建筑被剖开的样子，因此可以清楚地看到建筑的组成

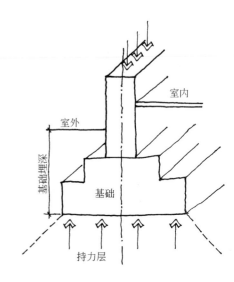

图 2-24 基础的工作原理及组成

图2-26 雅典帕提农神庙。柱式是古希腊建筑重要的结构与形象要素

－25 鹿野苑石刻博物馆——页岩砖和混凝土的复合，外观为清水混凝土(引自《时代建筑》2003.05)

图2-27 北京饭店内大堂中的柱子，结构构建为了适应整体的装饰风格，在此也进行了豪华的装饰

(3) **楼板和地面层**：多层和高层建筑有楼板，其作用是分隔楼层之间的空间，增加人的活动面积。楼板是水平方向的承重结构，它支撑着人和家具设备的荷载，并将这些荷载传递给墙或柱。地面层是指房屋底层之地坪。楼板和地面层都应满足人们在其上活动的安全及舒适度的要求。

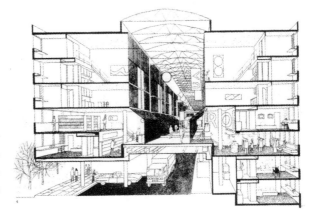

2-28 加拿大艾伯丁大学学生联合会大楼透视图，从中可以清晰地看到地面层和各楼的空间关系，建筑师在此营造了连通多变而领域明确的建筑空间(引自《当代世界建筑经精选3 巴顿·迈尔斯》)

（4）屋顶：屋顶既是房屋的围护构件，抵抗风、雨、雪的侵袭和太阳辐射热的影响；又是房屋的承重结构，承受风雪荷载和施工期间的各种荷载。屋顶应坚固耐久、不漏水和保暖隔热。

图 2-29 坡屋顶是中国传统建筑的特征之一，在大量的传统民居中，屋顶构成了城市、村镇的肌理。该图为苏州民居的灰瓦坡屋顶所形成的景观

图 2-30 玻璃屋顶，采光充足，是屋顶形式的一种进化

（5）楼梯：楼梯是房屋的垂直交通工具，作为人们上下楼层和发生紧急事故时疏散人流之用。楼梯要保证坚固和安全，并应有足够的通行能力，其总宽度应满足最大人流时的疏散要求，坡度要适中，既要节省空间又要不使人感到疲劳。

图 2-31 北京海淀
剧院观众楼梯，作为
通往观众厅的主要通
道

（6）门窗：门主要用来通行人流，窗主要用来采光和通风。处于外墙上的门窗又是围护构件的一部分，应考虑防水和热工要求。

图 2-32 纽约麦哈
顿23大街使用壁柱、
拱券，富于西方传统
风格样式的建筑门窗
（引自《当代世界建筑
经典精选3 巴顿·迈
尔斯》）

图 2-33 杭州某建筑现代的大玻璃窗

图 2-34 首都剧院观众厅入口大门，有古典风格的装饰

图 2-35 某建筑入口。两层高的柱子，内凹的门廊，形成明确的入口提示（引自《当代世界建筑经典精选 KPF 建筑事务所》）

建筑除上述六部分以外，还有一些附属部分，如阳台、雨篷、台阶、烟囱等。组成房屋的各部分各自起着不同的作用，但归纳起来不外乎是两大类，即承重结构和围护构件。承重墙、柱、梁、基础、楼板、屋顶等属于承重构件。围护构件是指房屋的外壳部分，如围护墙、屋顶、门窗等，它们的任务是抵抗自然界的风、雨、雪、太阳辐射热和各种噪声的干扰，所以围护构件应具有防风雨、保暖隔热、隔绝噪声的功能。有些部分既是承重结构也是围护结构，如墙和屋顶。

图 2-36 钢结构玻璃的入口雨棚。莱比锡

基本知识：设计中应考虑的影响因素

所有的设计工程活动的最终目的都是要创造出一种安全、舒适、适用的人造生存环境，同时还要考虑一定的经济性和技术可行性。因此，凡是相关的影响因素我们都必须要加以考虑。

一、外界环境的影响

外界环境的影响是指自然界和人为的影响。

1. 外界作用力的影响：包括人、家具和设备的重量，结构自重，风力，地震作用，以及积雪重量等，这些统称为荷载。荷载对选择结构类型和构造方案以及进行细部构造设计都是最重要的依据。

2. 气候条件的影响：如日晒雨淋、风雪冰冻、地下水等。对于这些影响，根据具体情况，在构造上必须采用相应防护措施，如防水防潮、防寒隔热、防温度变形等。

3. 人为因素的影响：如火灾、机械振动、噪声等的影响，在构造上需采取防火、防震和隔声、吸声等的相应措施。

二、技术条件的影响

技术条件指的是材料技术、结构技术、施工技术等。随着这些技术的不断发展和变化，相应的构造做法也在不断地发生着相应的变化，构造做法不能脱离相应的技术条件而存在。

三、标准的影响

为了保证建筑的建造质量，做到尽可能的安全舒适，国家和各地方都颁布了相应的标准，比如造价标准、建筑装修标准、设备标准等。这些标准也都会影响到设计，同样会影响的构造做法。

扩展知识：建筑模数协调统一标准

为了提高建筑的工业化程度，使不同的材料、构配件、模板、工具、器具具有一定的通用性和互换性，提高效率，节省资源，应该遵守《模数协调统一标准》。

一、建筑模数

模数是选定的尺寸单位，作为尺度协调的增值单位。为了使建筑制品、建筑构配件和组合件实现工业化大规模生产，使不同材料、不同形式和不同制造方法的建筑构配件、组合件符合模数并具有较大的通用性和互换性，作为设计、施工、构件制作、科研的尺寸依据。

（一）基本模数

是建筑模数协调统一标准中的基本数值，用M表示，1M＝100mm。

（二）导出模数

1. 扩大模数: 是导出模数的一种, 其数值为基本模数的倍数。扩大模数的基数为 3M(300mm)、6M(600mm)、12M(1200mm)、15M(1500m)、30M(3000mm)、60M(6000mm) 6 个。

2. 分模数: 是导出模数的另一种。其数值为基本模数的分倍数。分模数的基数为 1／2M(50mm)、1／5M(20mm)、1／10M(10mm)3个。

（三）模数数列的应用

基本模数: 主要用于建筑物层高、门窗洞口和构配件截面。

扩大模数: 主要用于建筑物的开间或柱距、进深或跨度、层高、构配件截面尺寸和门窗洞口等处。

分模数: 主要用于缝隙、构造节点和构配件截面等处。

二、砖混结构的模数协调

为了使建筑在满足使用功能的前提下，通过模数协调尽量减小预制构、配件、模板的类型，以便充分发挥投资效益。砖混结构建筑，特别是其中大面积住宅建筑必须进行模数协调。

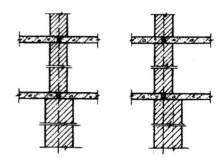

图 2-37 左图为底层定位轴线中分墙身。用于一般房间，右图为底层定位轴线偏中分墙身。用于走道、楼梯间等处

（一）定位轴线

在模数化网格中，确定主要结构位置的线，如确定开间或柱距、进深或跨度的线称为定位轴线。除定位轴线以外的网格线均为定位线，定位线用于确定模数化构件尺寸，如图所示。

1. 承重内墙定位

承重内墙的顶层墙身中线应与平面定位轴线相重合。其中分为两种情况，如图2-38所示。

2. 承重外墙定位

承重外墙的顶层墙身内缘与平面定位轴线的距离应为 120mm，如图 2-39 所示。

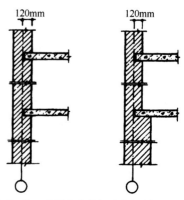

图 2-38 左图为底层与顶层墙厚相同时采用。右图为底层与顶层墙厚不相同时采用

通用构造基础

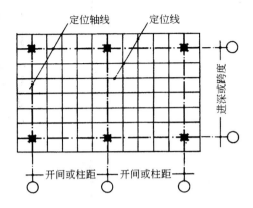

图 2-39　定位轴线和定位线

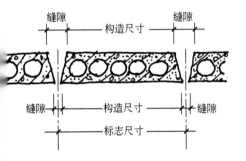

图 2-40　标志尺寸和构造尺寸

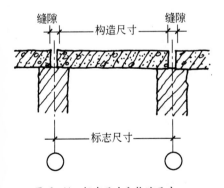

图 2-41　标志尺寸和构造尺寸

（二）标志尺寸与构造尺寸的关系

1．标志尺寸：符合模数数列的规定，用以标注建筑物的定位轴线、定位线之间的垂直距离（如开间、柱距、进深、跨度、层高等）以及建筑构配件、建筑组合件、建筑制品及有关设备等界限之间的尺寸。

2．构造尺寸：建筑构配件、建筑组合件、建筑制品等的设计尺寸，一般情况下，构造尺寸为标志尺寸减去缝隙或加上支承尺寸。

3．实际尺寸：建筑构配件、建筑组合件、建筑制品等生产后的实有尺寸。实际尺寸与构造尺寸之间的差数应符合建筑公差的规定。

下面列举常用的两个预制构件，具体分析标志尺寸、构件尺寸和实际尺寸的关系。

（1）预应力短向圆孔板。这个构件的标志尺寸是3300mm，构造尺寸是标志尺寸减去90mm的构造缝隙，即3300－90＝3210mm。实际尺寸为构造尺寸±5mm，即3205～3215mm。

（2）预制过梁。这个构件的标志尺寸为1800mm，构造尺寸是标志尺寸加上支承长度每侧250mm，即1800＋2×250＝2300mm，实际尺寸是构造尺寸±10mm，即2290～2310mm。

思考与练习

资料调查

了解我国建筑规范对建筑分类的说明。

现场实习

1．在教学楼中分别指出建筑物的基本组成。

2．根据所学知识对身边的建筑进行分类。

35

上篇 建筑工程构造知识

第三讲 地基和基础

基本概念：基地与基础

基础是建筑在地面以下的承重构件，它承受建筑物上部结构传下来的全部荷载，并把这些荷载连同基础本身的重量一起传到地基上。

地基则是承受由基础传下的荷载的土层（或岩石）。地基承受建筑物荷载而产生的应力和应变随着土层深度的增加减小，这是因为土层受力面积随着深度的增加而扩散增大，单位面积的受力自然减小，这种土层的应力和应变在达到一定深度后就可忽略不计了。

地基、基础一旦出现问题很难补救。因此必须保证地基、基础有足够的强度和稳定性。

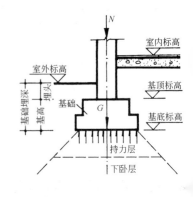

图 3-1 基础的基本组成及相关名词

图 3-2 一般来说，基础是隐藏在地下的，而这座滨水建筑的基础同时起到了挡土墙的作用，其外露的基础与一般建筑的基础是一致的

基本知识：地基种类

一、地基应满足的要求

1. 强度方面的要求：要求地基有足够的承载力，也就是要确保建筑不能有明显的下陷。

2. 变形方面的要求：要求地基有均匀的压缩量，以保证基础有均匀的下沉。若地基下沉不均匀时，建筑物上部会因产生开裂变形而破坏。

3. 稳定方面的要求：要求地基有防止产生滑坡、倾斜等方面破坏的能力。必要时（特别是基地高差变化较大时）应加设挡土墙，以防止滑坡变形的出现。

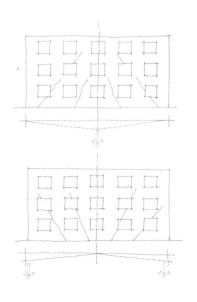

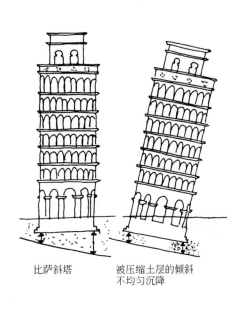

比萨斜塔　　　被压缩土层的倾斜
　　　　　　　不均匀沉降

图 3-3　由于地基不均匀沉降的位置和沉降量的不同，会对建筑造成不一样的破坏：上图为建筑中部沉降量大造成的破坏，下图为建筑端部沉降量大造成的破坏

图 3-4　比萨的斜塔是地基不均匀沉降所造成的，其独特的形象却是工程失败的结果

图 3-5　坡地地基的稳定性不好，可能会出现滑坡，必须采取有效措施，解决的有效办法就是做挡土墙

滑动的建筑物位置

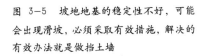

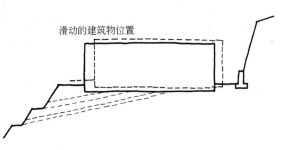

二、天然地基与人工地基

（一）天然地基：凡是天然土层具有足够的承载力，不需要经过人工加固，可直接在其上进行建造的称为天然地基。

（二）人工地基：当土层的承载力较差或上部荷载太大时，为使地基具有足够的承载能力，对土层进行人工加固，加固后的土层称为人工地基。

人工地基常用的加固处理方法有：压实法、换土法、桩基。

1. 压实法：利用重锤夯实法、碾压法和振动夯实法将土层压实。振动夯实法是利用小型打夯机的振动将地基夯实，一个人就可以操作，夯实效果一般。重锤夯实法是将大块的金属或钢筋混凝土块提至高处，自由落下将地基土夯实，适用于地基土质较差或对地基强度要求较高的建筑物的地基中。碾压法是利用大型机械压实地基。

2. 换土法：当地基中有淤泥、冲填土、杂填土等高压缩性土时，应采用换土法。所换土可选用中砂、粗砂、碎石等。换土法是一种有效的地基加固方式。

夯实法　　　　　重锤夯实法　　　　　机械碾压法

图 3-6　三种地基压实的方法

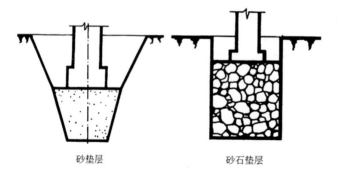

砂垫层　　　　　　　砂石垫层

图 3-7　换土法是一种有效的地基加固方式

3．桩基：当建筑物荷载大、层数多、高度高、地基土又较松软时可采用。

桩基一般有两种承力方式：(1)桩端直接支撑在坚固基岩上的端承桩；(2)利用桩壁与周围土层的摩擦传力的摩擦桩。

常见的桩基有以下几种：

(1) 支承桩(柱桩)：预制钢筋混凝土桩，用打桩机打入土层，桩断面 300mm×300mm～600mm×600mm，长度 6～12m 之间，桩端部有钢制桩靴。

(2) 钻孔桩、挖孔桩：工作程序是打孔、放钢筋骨架、浇混凝土。钻孔直径 300～500mm，桩长不大于 12m。

(3) 振动桩：先将钢管打入地下、取出钢管、在形成的桩孔中放钢筋骨架、然后浇筑混凝土。

(4) 爆扩桩：先钻出桩孔，在桩孔底部放入炸药、放钢筋骨架、浇筑混凝土、在混凝土凝结前引爆炸药。引爆的作用是将桩端扩大，提高承载力。

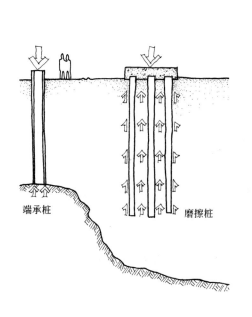

图 3-8　桩基的两种基本承力方式

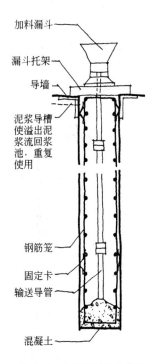

图 3-9　浇筑桩的现场施工

39

(5) 其他类型的桩基还有砂桩、碎石桩、灰土桩等。

采用桩基时，应在桩顶加做承台梁或承台板，以承托墙、柱。

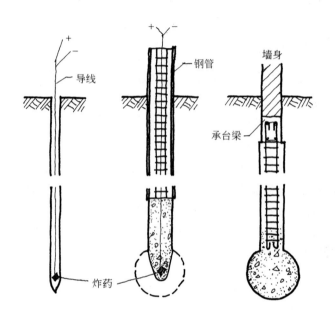

图 3—10　爆扩桩的施工过程

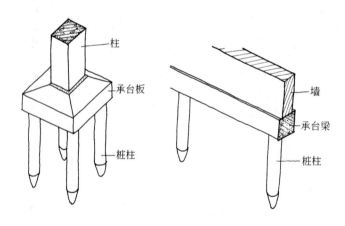

图 3—11　桩基的工作系统组成

三、解决基础不均匀下沉的方法有以下几种

1. 作刚性墙基础。

2. 加高基础圈梁。

3. 设置沉降缝。

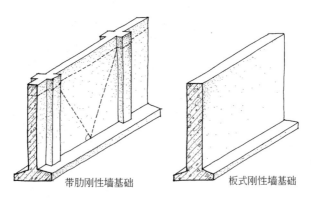

带肋刚性墙基础　　　　　　　板式刚性墙基础

图 3-12　刚性墙基础和加高的基础圈梁都可以增强建筑的整体刚度，减轻因地基地不均匀沉降而造成的建筑破坏

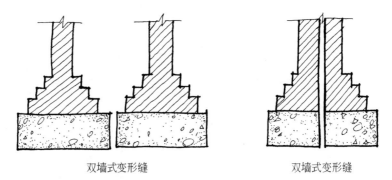

双墙式变形缝　　　　　　　　双墙式变形缝

图 3-13　在可能会发生沉降破坏的部位，事先将建筑自上而下的断开，可以有效地避免大的破坏

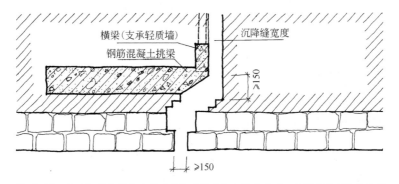

横梁（支承轻质墙）

钢筋混凝土挑梁

沉降缝宽度

≥150

≥150

图 3-14　基础挑梁在原有建筑旁边加建紧密相邻的建筑时，会经常用到这种方式

基本知识：基础的埋深

由室外设计地面到基础底面的距离叫基础的埋置深度。埋深小于5m的为浅基础，大于5m的为深基础。基础的最小埋置深度为0.5m，因为基础埋置过浅，易受外界的影响而破坏。

基础埋深由以下原则决定：

1. 建筑物的特点及使用性质：比如说有无地下室、基础的形式和构造、作用到地基上的荷载大小和性质（动荷载还是静荷载）。

2. 地基土的好坏。

3. 地下水位的影响：基础宜埋置在地下水位以上，以防止地下水对基础的影响与破坏。当地下水位较高，基础不能埋在最高水位以上时，宜将基础底面埋在最低水位以下200mm。并采用耐水材料，如混凝土和钢筋混凝土等。

4. 冻结深度的影响：为防止因地基的冻涨现象对基础的破坏，基础应埋置在冻土线以下200mm。北京地区冻结深度为0.8～1.0m，沈阳为1.6m，哈尔滨为2m。

5. 相邻房屋或建筑物基础的影响：当存在相邻建筑物时，新建建筑物的基础埋深不宜大于原有建筑基础。当埋深大于原有建筑基础时，两建筑基础间应保持一定净距。

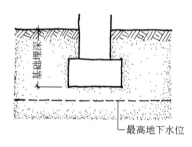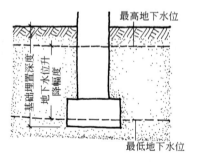

图 3-15 地下水位与基础埋深的关系

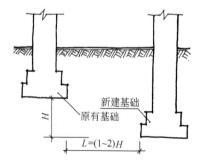

图 3-16 相邻基础的关系及新建筑基础埋深的确定原则

基本做法：基础的种类

一、从基础的材料及受力来划分

可分为刚性基础、柔性基础(柔性指用钢筋混凝土制成的受压和受拉性能均较强的基础)。

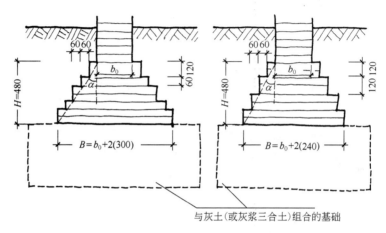

图 3-17 砖基础的典型断面

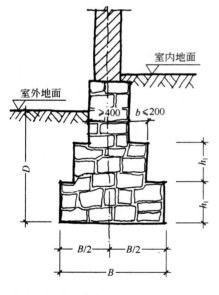

图 3-18 毛石基础

（一）刚性基础

这种基础只适合于受压而不适合受弯、拉、剪力，因此基础剖面尺寸必须满足刚性条件要求（刚性角）。一般砌体结构房屋的基础常采用刚性基础。

1. 砖基础——要做阶梯形"大放脚"。

2. 灰土基础——由石灰加黏性土组成；1～3层的建筑基础厚300mm；4～5层的建筑基础厚450mm。

3. 毛石基础——基础厚度不小于100mm；整体性差，有振动的房屋很少采用。

4. 三合土基础——石灰、砂、碎砖等三种材料组成；特点是廉价、简单、强度低，只适用于4层及以下建筑。

43

5. 混凝土基础——特点是强度高、整体性好、不怕水，适用于潮湿、有水的地基中。有阶梯形和锥形两种断面形式，厚度一般为 300～500mm，宽高比为 1:1。

6. 毛石混凝土基础——混凝土中加入 20%～30% 的毛石，节约水泥用量，毛石最大粒径不宜大于 300mm，适用于较大的混凝土基础。

（二）柔性基础

柔性基础一般指钢筋混凝土基础。当建筑物荷载较大，或地基承载能力较差时，或为了减少土方量时多有采用。

二、按基础的构造型式分

条形基础、独立基础、联合基础（筏形基础、箱形基础、桩基础等）。

（一）条形基础

这种基础多用于承重墙和承自重墙下部设置的基础，沿墙下成条形布置，多为刚性基础。

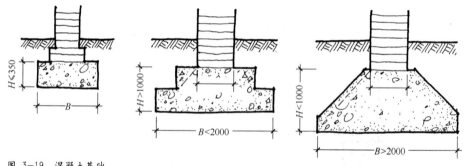

图 3-19　混凝土基础

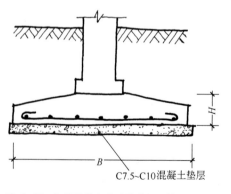

图 3-20　钢筋混凝土柔性基础断面构造

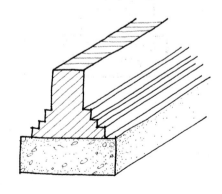

图 3-21　条形基础

（二）独立基础

这种基础多用于柱下，其构造做法多为柔性基础。

（三）联合基础

常见的有柱下条形基础、柱下十字交叉基础、板式基础、梁板式基础和箱形基础。这种基础多用于大型建筑。

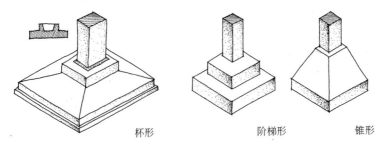

杯形　　　　　阶梯形　　　　　锥形

图 3-22　杯形，阶梯形和锥形独立基础，杯形独立基础是用于预制柱下

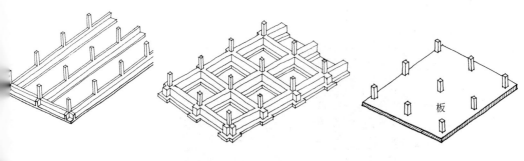

3-23　柱下条形基础　　　图 3-24　柱下十字交叉基础　　　图 3-25　板式基础

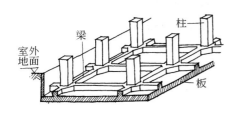

图 3-26　梁板式基础

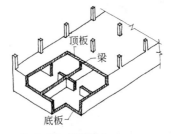

图 3-27　箱形基础

思考与练习

资料调查

了解所在城市的冰冻线以及土质类型。

现场实习

到一个正在进行基础施工的工地，通过观察和询问了解该建筑的基础类型特性。

第四讲　墙体（一）

墙体是建筑的最基本组成元素之一，墙体界定了建筑内外的空间，划分了建筑内不同的使用空间，可以说没有墙体就没有实体建筑空间。

基本概念：墙体的分类

一、墙体按主要结构材料分类

1. 砖墙——主要的砖墙材料有：黏土实心砖、黏土空心砖、灰砂砖、焦渣砖等；砌筑砖墙要用到砌筑砂浆，主要有：水泥砂浆、混合砂浆、石灰砂浆。

图 4-1　北京四合院的青砖墙，形成封闭内向的空间格局。（引自《中国建筑史（第四版）》）

图 4-2　北京通州艺术中心门房，从悬挑的体量就可以判断砖在此并非起承重作用，而是在混凝墙外面的一层装饰。（引自《时代建筑》2005.01）

2. 加气混凝土砌块墙——加气混凝土砌块是经过发泡处理的混凝土砌块，其特点可以总结为质轻、可切割、隔声、保温，多用于非承重隔墙、框架结构的填充墙。

3. 石材墙——石材是天然材料，多采于山区、产石地区。按做法又分：乱石墙、整石墙、包石墙。乱石墙在南部山区的民间非常常见，19世纪以前的欧洲的重要建筑（如教堂）多采用整石墙，而当代城市中常见的石材幕墙则属于包石墙的一种。

图 4-3 丽江玉湖小学，可以看到石墙和木板墙的传统景观形态，但是使用了传统工艺和现代的技术相结合的方式来建造（引自《世界建筑》2004.11）

图 4-4 南非海德佛莫总部新楼，使用其公司标准尺寸的石块（22cm×11.5cm×24cm）建造，石墙只有基础和屋顶连接处使用了胶粘剂，其他部分的石块均是干堆砌的，这样的建造方式充分地体现了公司建材产品的品质特点（引自《世界建筑》2005.02）

47

4. 板材墙——生产好的板材可作为大面积墙体,如钢筋混凝土板材、加气混凝土板材、玻璃幕墙等。板材墙的出现是大工业时代到来的产物。

图 4-5 美国西雅图大学圣伊格内修斯小礼拜堂,该建筑的外维护部分使用21块相互紧扣在一起预制钢筋混土板块建造,现场预制吊装,门窗自然形成,色泽浑然一体的预制混凝土板在此展现了比石材更直接、更经济的建造方式(引自《斯蒂文·霍尔》)

图 4-6 苏州同里街市上木板墙的售卖亭

图 4-7 红砖和预制钢筋混凝土板建造的学校(引自《世界建筑》2005)

5. 承重混凝土空心小砌块墙——用C20混凝土预制,形状和砌筑方式与黏土砖相似,多用于6层以下住宅建筑中。

图 4-8　正在施工中的高层住宅楼,使用了钢筋混凝土墙承重

图 4-9　正在施工中的某公共建筑,使用了异形钢筋混凝土墙,体现了钢筋混凝土的可塑性(引自《建筑细部》2004年第二期)

49

6. 钢筋混凝土承重墙——C20以上混凝土现场浇筑而成，内部有钢筋笼，具有强度高、防水性能好、能承重等特点，可用做地下室、高层建筑的剪力墙等。

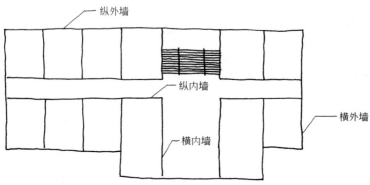

图 4-10　墙体按位置分类的名称

二、墙体按所在位置分类

墙体按所在位置一般分为外墙及内墙两大部分，每部分又各有纵、横两个方向，这样共形成4种墙体，即：纵向外墙、横向外墙（又称山墙）、纵向内墙、横向内墙。纵墙一般指沿建筑开间方向的墙，横墙一般指沿建筑进深方向的墙。

三、墙体按受力特点分类

1. 承重墙——承重墙承受屋顶和楼板等构件传递下来的垂直荷载和风力、地震力等水平荷载，按其所在位置又可分为：承重内墙、承重外墙，墙下要有条形基础。

2. 承自重墙——只承受墙体自身的重量，墙下要有条形基础。

3. 围护墙——抵御风、雪、雨的侵蚀，并起保温、隔热、隔声、防水等作用，墙体无需承受外界荷载，墙体自身重量由梁承托，并传给柱子或基础。

4. 隔墙——把室内空间分隔为若干具体功能空间的墙体，应满足隔声的要求，墙下可不用基础。

习惯上将承自重墙、围护墙和隔墙统称为非承重墙。

四、墙体按构造做法分类

1. 实心墙——单一材料实心墙：多孔砖墙、黏土砖墙、石块墙、混凝土墙、钢筋混凝土墙等；复合材料实心墙是两种或两种以上材料共同组成一面墙体，外侧为主体结构、保护材料（黏土砖或钢筋混凝

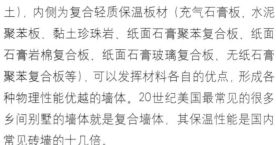

土），内侧为复合轻质保温板材（充气石膏板、水泥聚苯板、黏土珍珠岩、纸面石膏聚苯复合板、纸面石膏岩棉复合板、纸面石膏玻璃复合板、无纸石膏聚苯复合板等），可以发挥材料各自的优点，形成各种物理性能优越的墙体。20世纪美国最常见的很多乡间别墅的墙体就是复合墙体，其保温性能是国内常见砖墙的十几倍。

2. 空心砖墙——用黏土空心砖、水泥空心砖竖向孔洞砌筑，其特点为体轻，保温性能好，主要用于框架结构的外围护填充墙。

3. 空心墙——有两片独立的墙体按一定的距离共同组成的墙体，具有良好的隔声、保温性能，而且十分经济。音乐厅等对隔声要求比较高的建筑多采用这种墙体。

墙体的保温因素，主要体现在墙体阻止热量传出的能力和防止在墙体表面和内部产生凝结水的能力两大方面。在建筑物理学中属于建筑热工设计部分。一般应以《民用建筑热工设计规程》（ＧＢ5017695）为准，这里介绍一些基本知识。

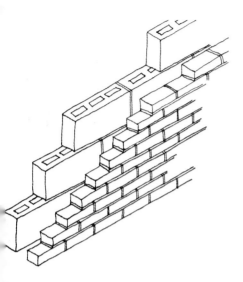

4-11 空心砖墙与实心砖墙，有着相似的砌筑方式不同的表面形态

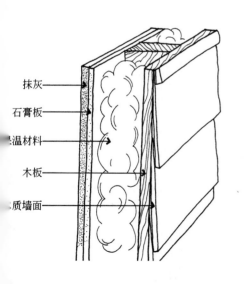

抹灰
石膏板
保温材料
木板
木质墙面

4-13 美国乡间别墅墙体的复合结构构造，有很强的保温、隔声性能，墙体自重也很轻

图 4-12 中国江南民居使用空斗墙，木柱承重的建筑中，使用这种围护结构无疑是经济的

基本做法：砖墙的基本构造

砖墙的历史悠久，有很多优点：保温、隔热及隔声的效果好，具有防火和防冻性能，有一定的承载能力，并且取材容易，生产制造及施工操作简单，不需大型设备。缺点是：施工速度慢、劳动强度大、自重大，特别是黏土砖的生产破坏农田，已经限制使用，并将逐渐被其他材料所取代。

一、砖墙材料

包括砖和砂浆两种，是由砂浆将砖块胶结在一起，砌筑而成为砌体结构。

1. 砖：从材料上看有黏土砖、灰砂砖、水泥砖等；从形状上看有实心砖、空心砖和多孔砖等。

2. 砂浆：是粘结材料，可将砖块粘结砌成墙体。常用的有水泥砂浆、石灰砂浆和混合砂浆3种。水泥砂浆强度高、防潮性能好；石灰砂浆和易性好，强度、防潮均差；混合砂浆有水泥、石灰、砂拌合而成，有一定的强度，和易性也好，所以应用广泛。

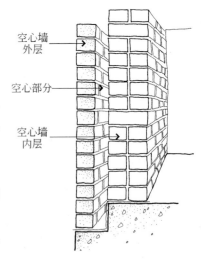

空心墙外层

空心部分

空心墙内层

图4-14 双层空心墙体构造示意，相对较多占用空间，但发挥了空气间层的隔热、隔声特性，音乐厅等对室内声环境要求较高的空间的墙体多有采用。这种墙体对施工过程要求较高，不可以有硬性杂物掉落在空隙中，否则会影响隔声效果

图4-15 砖墙的砌筑施工工艺和设备极其简单

二、黏土砖墙的厚度

标准砖的规格：240mm（长）×115mm（宽）×53mm（高），用砖块的长、宽、高作为砖墙厚度的基数，在错缝或墙厚超过砖块时，均按照灰缝10mm进行组砌。砖厚加灰缝与砖宽加灰缝与砖长形成1：2：4的比例。组砌方式如图。

各种砌块的尺寸如下：

承重多孔砖：240mm（长）×115mm（宽）×90mm（高），240mm（长）×180mm（宽）×115mm（高）。

空心小砌块：一般尺寸为190mm（长）×190mm（宽）×390mm（高），辅助尺寸为190mm（长）×90mm（宽）×190mm（高），190mm（长）×190mm（宽）×90mm（高）。

中型砌块：280mm（长）×240mm（宽）×380mm（高），580mm（长）×240mm（宽）×380mm（高）

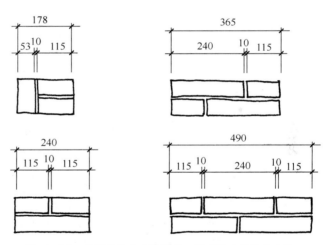

图 4-16 砖墙厚度尺寸的形成。标准黏土砖的尺寸是53mm×115mm×240mm，通过不同的组砌方式，再加上灰缝的厚度，就可以形成120mm、240mm、370mm、490mm厚的墙体

基本做法：墙体的热工构造

作为建筑的维护结构，墙体要保证人们生活的舒适，其中最重要的是保证室内的温度宜人，在北方这就要求墙体能够阻止室内的热量散失，而在南方则要求墙体阻隔外部的热量进入，保证室内的凉爽。此外，在保温与隔热措施中还应当注意保护墙体自

身的材料不受损害,这就要求防止在墙体内部及表面由于冷凝的作用而产生凝结水。在建筑物理学上属于建筑热工设计部分。一般应以《民用建筑热工设计规程》(GB 50176—95)为准,这里介绍一些基本知识。

一、建筑热工设计分区及要求

目前,全国划分为五个建筑热工设计分区:

1. 严寒地区——如黑龙江、内蒙古,需加强建筑物的防寒措施,不考虑夏季防热。

2. 寒冷地区——如吉林、辽宁、山西、河北、北京、天津及内蒙古的部分地区,以满足冬季保温设计为主,适当兼顾夏季防热。

3. 夏热冬冷地区——如长江下游、两广北部,必须满足夏季防热,适当兼顾冬季保温。

4. 夏热冬暖地区——如两广地区南部、海南省,必须满足夏季防热,不考虑冬季保温。

5. 温和地区——如云南省大部分地区、四川东南部地区,部分地区考虑冬季保温,一般可不考虑夏季防热。

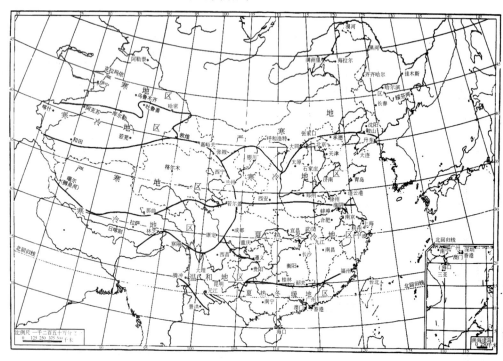

图 4-17　全国热工分区图(引自《建筑设计资料集1》)

知道了这些热工分区，做设计时关于热工问题就有所依照了。

二、冬季保温设计要求

采暖建筑的外墙应有足够的保温能力，寒冷地区冬季室内温度高于室外，热量从高温传至低温。北方外墙冬季的传热过程见图。为了减少热损失，防止凝结水及空气渗透，应采取以下措施：

1. 提高外墙保温能力，减少热损失，一般有3种做法：第一，增加外墙厚度，使传热过程延缓，达到保温目的。但是墙体加厚，会增加结构自重，多用墙体材料、占用建筑面积、使有效空间缩小等。以北方地区砖墙为例，因保温要求，一般可由一砖墙增加到一砖半墙（370mm厚），如果再增加就不经济了；第二，选用孔隙率高、密度小的材料做外墙，如加气混凝土、多孔空心砖等。这些材料导热系数小，保温效果好，但是强度不高，不能承受较大的荷载，一般用于框架填充墙等；第三，采用多种材料（保温材料 + 结构材料）的复合墙，解决保温和承重双重问题。

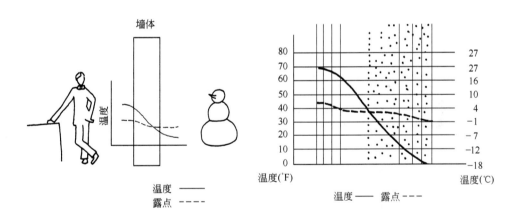

图 4-18　北方外墙冬季传热过程图，虚线和实线的交叉点就是墙内结露的临界点，我们必须尽量避免

2. 防止外墙中出现凝结水：为了避免采暖建筑热损失，冬季通常是门窗紧闭，生活用水及人的呼吸使室内湿度增高，形成高温高湿的室内环境。温度愈高，空气中含的水蒸气愈多。当室内热空气传至外墙时，墙体内的温度较低，蒸汽在墙内形成凝结水，水的导热系数较大，因此就使外墙的保温能力明显降低。为了避免这种情况产生，应在靠室内高温一侧，设置隔蒸汽层，阻止水蒸气进入墙体。隔蒸汽层常用卷材、防水涂料或薄膜等材料。

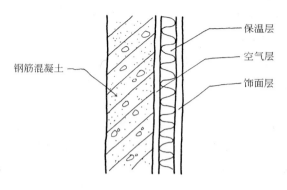

钢筋混凝土

保温层

空气层

饰面层

图 4-19 外保温式复合墙体。这是现代北方新建建筑经常会用到的一种墙体保温方式，效果明显且墙体内部不易产生结露现象

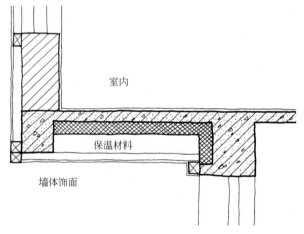

室内

保温材料

墙体饰面

图 4-20 悬挑楼板的下层保温。北方所有的下部直接暴露在室外空气中的楼层地板都面临着这样的问题——脚感冰冷，且容易结露，在楼板下部作适当的保温是可行的办法

3. 防止外墙出现空气渗透：墙体材料一般都不够密实，有很多微小的孔洞。墙体上设置的门窗等构件，因安装不严密或材料收缩等，会产生一些贯通性缝隙。由于这些孔洞和缝隙的存在，冬季室外风的压力使冷空气从迎风墙面渗透到室内，而室内外有温差，室内热空气从内墙渗透到室外，所以风压及热压使外墙出现了空气渗透。这样造成热损失，对保温不利，同时会给人造成很不舒适的感觉。为了防止外墙出现空气渗透，一般采取以下措施：选择密实度高的墙体材料，墙体内外加抹灰层，加强构件间的缝隙处理等。

三、夏季防热设计要求

炎热地区夏季太阳辐射强烈。室外热量通过外墙传入室内，使室内温度升高，产生过热现象，影响人们工作和生活，甚至损害人的健康。外墙应具有足够的隔热能力，一般可采取以下措施：

1. 外墙选用热阻大、重量大的材料，例如砖墙、土墙等，使外墙内表面的温度波动减小，提高其热稳定性。

2. 外墙表面选用光滑、平整、浅色的材料，以增加对太阳的反射能力。

3. 总平面及个体建筑设计合理，争取良好朝向，避免西晒，组织流畅的穿堂风，采用必要的遮阳措施，搞好绿化以改善环境小气候。

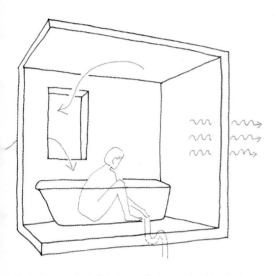

图4-21 人体能够感受冷风渗透、空气对流、墙体自身热传递等带来的热量交换，那么我们处理室内热环境就可以从这些方面入手了

扩展知识：墙体的隔声构造

在我们生活的城市环境中，各种用具、电具、机械设备等都会发出不同音量的声音，人们的各种活动也会发出各种声音，当这些声音干扰别人和自身的正常活动时，就成为了噪声。为了使室内有安静的环境，保证人们的工作和生活不受噪声的干扰，国家标准对不同使用性质的建筑规定了不同的允许噪声等级，以防止外界的噪声干扰室内的活动，如城市住宅42dB、教室38dB、剧场34dB等；另外对于一些产生噪声的房间，也要保证其噪声不对外扩散，而影响到其他房间的活动，如建筑中的机房、电梯的井道等处。

噪声的传播主要有空气传播和固体撞击传播。墙体主要隔离由空气直接传播的噪声。空气声在墙体中的传播途径有

图4-22 声音可以通过墙体上的门窗孔洞向四周传播

两种：一是通过墙体的缝隙和微孔传播，二是在声波作用下墙体受到振动，声音透过墙体而传播。建筑内部的噪声，如说话声、家用电器声等，还有物体的直接撞击、敲打物体所引起的撞击声；室外噪声如汽车声、喧闹声等，从各个构件传入室内。控制噪声，对墙体一般采取以下措施：

1．加强墙体的密缝处理：如墙体与门窗、通风管道等缝隙进行密缝处理。

2．增加墙体密实性及厚度，避免噪声穿透墙体及墙体振动。砖墙的隔声能力是较好的，120mm 厚砖墙空气隔声量为 45dB，240mm 厚砖墙空气隔声量为 49dB。当然，依靠增加墙体的厚度来提高隔声是不经济也是不科学的。

图 4-23　声音可以通过墙体上的空调等贯通孔洞向相邻空间传播

3．采用有空气间层或多孔性材料的夹层墙。由于空气或玻璃棉、轻质纤维等多孔材料具有减振和吸声作用，从而提高了墙体的隔声能力，空气间层的厚度以 80～100mm 为宜，多孔材料一般应放在靠近声源的一侧。

4．在建筑总平面中考虑隔声问题，将不怕噪声干扰的建筑靠近城市干道布置，这样对后排建筑起隔声作用。也可选用枝叶茂密、四季长青的绿化带降低噪声。

墙体的隔声应满足如下要求：

围护结构的隔声量 R(dB)＝室外噪声级 L(dB)－室内允许噪声级 L_0(dB)

$$R = L - L_0$$

即，经过隔声处理，保证室内的噪声在规范规定的允许范围之内。

思考与练习

资料调查

查阅相关书籍了解建筑保温、隔声的材料的产品的特点。

现场实习

到施工现场认识各种砌体材料。

制作设计

用标准黏土砖，砌筑出不同厚度的墙，并注意表面的肌理效果。

图 4-24　声音可以通过墙体的振动，沿着墙体在建筑内部传播，传播的范围很广

 58

第五讲　墙体（二）

基本做法：墙体的细部构造

为保证砖墙的耐久性和墙体与其他构件的连接，应在相应的位置进行特殊的构造处理。砖墙的细部构造包括墙脚、门窗洞口、檐口处构造、墙身加固措施及变形缝构造等。

一、墙脚构造

墙脚是指室内地面以下，基础以上的这段墙体，外墙的墙脚叫勒脚。由于砖墙本身存在很多微孔以及墙脚所处的位置常有地表水和土壤中的水渗入，致使墙身受潮、饰面层脱落、影响室内卫生环境、造成墙体破坏……因此，必须做好墙脚防潮、提高勒脚的坚固及耐久性，排除房屋四周地面水。

（一）防潮层

作用：防止土壤中水的渗入，沿墙上升致使墙身受潮、饰面层脱落、影响室内卫生环境，以致严重时使墙身破坏。

防潮层的位置：应在室内地坪与室外地坪之间，以地面有防水作用垫层中部为最理想。以能够防止地下水沿墙爬升为原则。

防潮层的具体做法：

1. 防水砂浆防潮层：具体做法是抹一层20mm厚的防水砂浆（1：3水泥砂浆加5%防水剂），适用于抗震设防地区。

2. 油毡防潮层：在防潮层部位先抹20mm厚的砂浆找平层，然后干铺油毡一层或用热沥青粘一毡二油。油毡的宽度应与墙厚一致，或稍大一些。油毡虽然防潮较好，但使基础墙和上部墙身断开，从而减弱了墙身的抗震能力。

3. 细石混凝土防潮层：由于混凝土本身具有一定的防潮性能，常把防水要求和结构做法合并考虑。即在室内外地坪之间浇筑60mm厚的混凝土防潮层，内放 ϕ 4@250mm 的钢筋网片。

如果墙角结构采用不透水的材料（如条石或混凝土等），或采用钢筋混凝土地圈梁时，可以不设防潮层。

（二）勒脚

外墙墙身下部靠近室外地坪的部分。作用是防止地

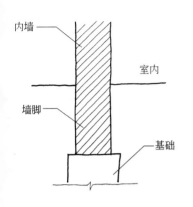

图 5-1　墙脚部位的处理很重要，是一面墙体存在的根本

内墙

室内

墙脚

基础

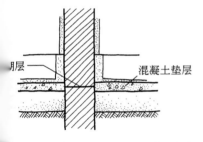

5-2　防潮层的位置——当墙体两侧地等高时

混凝土垫层

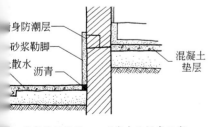

防潮层的位置——当室内地坪高于室时

身防潮层

砂浆勒脚

散水

沥青

混凝土垫层

面水、屋檐滴下的雨水的侵蚀，保护墙面，保证室内干燥，提高建筑物的耐久性，同时美化建筑外观。

常用做法：抹水泥砂浆、水刷石、加大墙厚、贴天然石材等。

勒脚高度：一般为室内外地坪高差或根据立面效果需要确定。

（三）散水与明沟

作用：迅速排除从屋檐滴的下雨水，防止因积水渗入地基而造成建筑物的下沉。

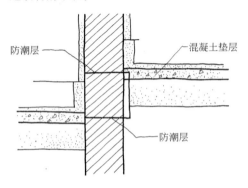

图 5-4 防潮层的位置——当室内地坪低于室外地平时

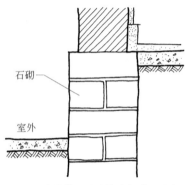

图 5-5 石砌墙脚不用再做防潮层，因为石材本身就有防潮的性能

图 5-6 加拿大多伦多木工技术学校。勒脚的位置在墙身的下部，外地坪以上，保护着墙脚的外部。该建筑勒脚处使用了石材装饰，既满足其构造功能，又有一定的构图作用(引自《当代世界建筑经典精选 3 巴顿·迈尔斯》)

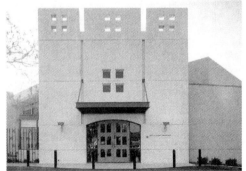

图 5-7 美国加利福尼亚托兰斯市儿童与家庭发展中心。随着很多高强度、防水的外墙饰面材料的大量应用，勒脚的形态已经越来越淡化了。该建筑在材料与色彩上均未对勒脚进行特别的处理 (引自《当代世界建筑经典精选3 巴顿·迈尔斯》)

1．散水：指的是靠近勒脚下部的水平排水坡。散水的宽度：600～1000mm为宜；当采用无组织排水时，宽度可按檐口线放出200～300mm；散水的坡度可为3％～5％；当散水采用混凝土时，要按20～30m间距设置伸缩缝；散水与外墙间要设缝，缝宽可为20～30mm，缝内填沥青类材料；散水面层材料有：细石混凝土、混凝土、水泥砂浆、卵石、块石、花岗石；散水垫层材料：3：7灰土、卵石灌砂浆。

2．明沟：靠近勒脚下部设置的水平排水沟。一般在年降水量为900mm以上的地区选用；沟宽一般为200mm，沟底应有0.5％左右的纵坡；材料有砖、混凝土等。

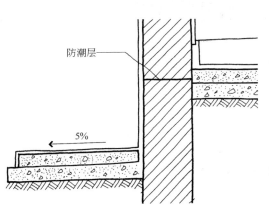

图 5-8　散水是降水量不是很大的地区用来防止雨水在墙脚部分积存的一种处理措施。其宽度一般在600～800mm左右，呈一定的向外的坡度，面层为防水材料

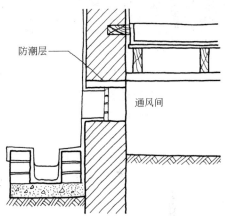

图 5-9　明沟是降水量较大的地区用来防止雨水在墙脚部分积存的一种处理措施。其沟槽的宽度一般在200mm左右，沿沟体方向呈一定的纵向坡度，沟内面层为防水材料

（四）踢脚

踢脚是外墙内侧、内墙两侧的下部和室内地坪交接处的构造。

目的：防止清洁地面时污染墙面。

高度：一般为120～150mm。

材料：一般与地面材料一致，种类有水泥砂浆、水磨石、木材、缸砖、油漆等。

图 5-10 该建筑在矮隔墙下使用了暗红色面砖踢脚，成为白色墙面与深色地面之间的过渡（《当代世界建筑经典精选 3 巴顿·迈尔斯》）

二、门窗洞口构造

（一）洞口尺寸

砖墙洞口主要是指门窗洞口，其尺寸应按模数协调统一标准制定，这样可减少门窗规格，有利于工厂化生产。国家及各地区的门窗通用图集都是按照扩大模数 3M 的倍数，因此一般门窗洞口宽、高的尺寸采用 300mm 的倍数。例如：600mm、900mm、1200mm、1500mm、1800mm 等。

（二）门窗过梁

为承受门窗洞口上部的荷载，并把它传到门窗两侧的墙上，以免压坏门窗框，在门窗洞口上部需要加设过梁。

1. 钢筋混凝土过梁其承载能力强，可用于较宽的洞口。预制钢筋混凝土过梁施工速度快，比较常用。

梁长及梁高均和洞口尺寸有关，梁高应按结构计算确定，同时应配合砖的规格。过梁两端搁入墙内的长度不小于 240mm。钢筋混凝土的导热系数大于砖的，在寒冷地区为了避免在过梁内表面产生凝结水，采用 L 型过梁使外露部分的面积减小，或把过梁全部包起来。

2. 钢筋砖过梁：在洞口顶部配置钢筋，形成能受弯矩的加筋砖砌体。钢筋直径 6mm，间距小于 120mm，钢筋伸入两端墙内不小于 240mm。用水泥砂浆砌筑。高度不小于 5 皮砖，且不小于洞口宽度的 1/4。最大适用跨度为 2m。

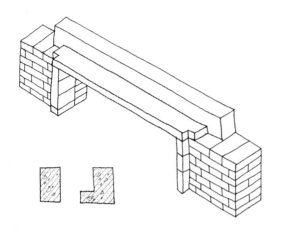

图 5-11 钢筋混凝土过梁是现代建筑中应用最广的一种过梁形式，能够适应较大的洞口宽度，且施工简便，造价也不高

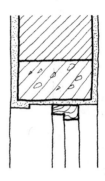

图 5-12 内墙或温暖地区等处的门窗过梁，不需考虑冷桥问题

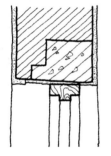

图 5-13 做了保温处理的外墙门窗过梁，解决了冷桥的问题，适用于北方寒冷地区的外墙

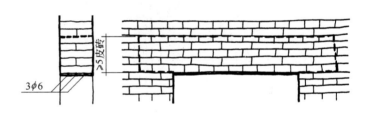

图 5-14 钢筋砖过梁，在洞口上部砌砖时加入一定量的钢筋，形成过梁

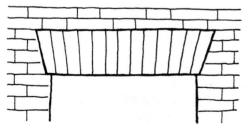

图 5-15 砖砌平拱，这是小洞口过梁的一种较为经济的解决方式

3. 砖砌平拱：将砖侧砌而成，灰缝上宽下窄使侧砖向两端倾斜，相互挤压形成拱的作用，两端下部伸入墙内 20～30mm，中部的起拱高度约为跨度的1/50。用于非承重墙上的洞口，最大跨度为 1.2m。

三、檐部作法

屋顶要承接雨水，要使雨水顺利地排掉，又不会污染墙面，所以要对屋顶与外墙的相交部位檐部进行处理，通常的做法有挑檐和女儿墙两种。

1．挑檐板：有预制钢筋混凝土挑檐板、现浇钢筋混凝土挑檐板；挑出尺寸500mm左右为宜。 这种做法，落在屋顶上的雨水会从挑檐板边缘各处自由下落，叫做无组织排水。

图 5-16　使用大挑檐的建筑，不仅有排水作用，还有很强的造型作用(引自《赫尔佐格和德穆隆的作品与思想》)

图 5-17　日本Ehime综合科学博物馆（引自《当代世界建筑经典精选10 黑川纪章》)

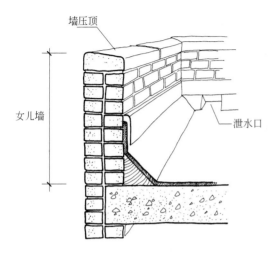

图 5-18　女儿墙处的构造主要解决的就是排水和防水的问题

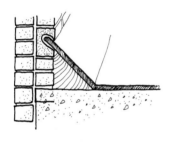

门垛

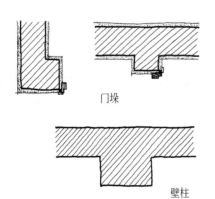

壁柱

图 5-19　门垛和壁柱的一般形态和构造

2．女儿墙：是墙身在屋面以上的延伸部分；其厚度可以与墙身一致，也可以使墙身适当减薄；高度：不上人屋面不小于800mm；上人屋面不小于1300mm。由于女儿墙的限制，雨水在屋顶上汇集，并通过一定数量的雨水管将雨水排掉，叫做有组织排水。

扩展知识：砌筑墙身的加固及抗震构造

由于砌体结构的墙体整体性不佳，强度不高，所以在抗震设防等级高的地区，或对于多层建筑，常常要使用一些措施增强自身的强度，以更好地满足抗震要求。

一、利用门垛或加设壁柱

在墙体上开设门窗洞口时，特别是墙体转折处或丁字墙处，设置门垛用以保证墙身稳定和门框的安装，门垛厚度与墙厚相同，长度一般为120mm或240mm，过长会影响室内空间使用。

当墙体受到集中力作用或墙体过长时（如240mm厚，长度超过6m），应增设壁柱（扶壁），和墙体共同承担荷载和稳定墙身。通常壁柱凸出墙面120mm或240mm，壁柱宽370mm或490mm。

二、增设圈梁

圈梁的作用：增加房屋的整体刚度和稳定性、整体性；减轻地基的不均匀沉降对建筑的破坏；抵抗地震力的影响。

圈梁设在房屋四周外墙及部分内墙中，处于同一水平高度，上表面与楼板水平，像箍一样把墙箍住，将墙体联结成一个整体。

钢筋混凝土圈梁的断面要求：宽度为墙厚的2/3，且不小于240mm，高度一般为180mm或240mm。

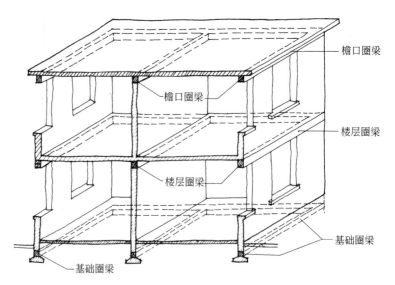

檐口圈梁

檐口圈梁

楼层圈梁

楼层圈梁

基础圈梁

基础圈梁

图 5-20 圈梁,在增强砖混结构建筑的整体性以及抗震能力方面,圈梁的作用极为明显,因此也是最常用一种方式,是解决建筑基础不均匀沉降的最有力方式之一

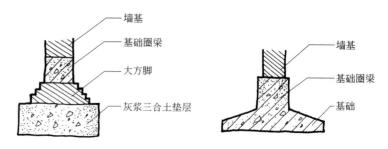

墙基

基础圈梁

大方脚

灰浆三合土垫层

墙基

基础圈梁

基础

图 5-21 左图钢筋混凝土基础中的基础圈梁,右图刚性基础中的基础圈梁

钢筋混凝土圈梁被门窗口截断时应在洞口部位增设相同截面的附加圈梁,附加圈梁与圈梁的搭接长度不应小于其垂直间距的两倍,并不小于1m。

三、增设构造柱

构造柱的作用是与圈梁连接,形成封闭骨架,提高墙体的抗破坏能力,是增强房屋整体性、防止房屋倒塌的一种有效措施。

构造柱设在:外墙四角、大房间横纵墙交接处、较大洞口两侧、错层部位墙体交接处。

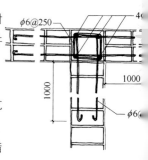

$\phi6@250$

1000

1000

$\phi6$

图 5-22 构造柱的基本配筋

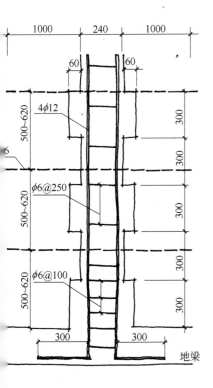

5-23 构造柱的施工是先砌墙后浇筑混凝
并且砖墙要砌成"五进五出"，以便于混
土紧密的咬合成整体

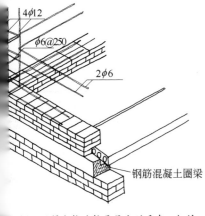

钢筋混凝土圈梁

—24 圈梁和构造柱是紧密联系在一起的

构造柱的主要数据：最小断面：240mm×180mm。

构造柱的构造要点：施工时，先放构造柱的钢筋骨架，再砌砖墙，最后浇筑混凝土；构造柱两侧的墙体应做到"五进五出"，即每300mm高伸出60mm，每300mm高再收回60mm。构造柱外侧应该有120mm厚的保护墙。构造柱的下部应伸入地梁内，无地梁时应伸入室外地坪下500mm处，构造柱的上部应伸入顶层圈梁，以形成封闭的骨架。为加强构造柱与墙体的联结，应沿柱高每8皮砖（500mm）放2φ6钢筋，且每边伸入墙内不少于1m。每层楼面的上下和地梁上部的各500mm处为箍筋加密区，加密至100mm。

扩展知识：变形缝

建筑看起来很坚固，但实际上无论什么样的建筑都从未停止过变形，这种变形通常很细微，很难察觉，但这种变形会在结构体内部产生很大的应力，一旦累积到一定程度，就会对建筑造成破坏。为防止这种破坏，我们在设计时事先将建筑划分成若干个独立的部分，使各部分之间能自由的变形而不会破坏。这种将建筑物垂直分开的预留缝称为变形缝。

变形缝包括伸缩缝、沉降缝和防震缝3种。作用是保证房屋在温度变化、基础不均匀沉降或地震时能有一定的自由变形能力，以防止墙体开裂，结构破坏。

1. 伸缩缝——也叫温度缝。像所有物体一样，随着季节温度的变化，建筑物会发生热胀冷缩的现象。为防止建筑构件因热胀冷缩产生温度应力，使房屋出现裂缝或破坏，在沿建筑物长度方向按一定距离预留垂直缝隙。伸缩缝是从基础顶面开始，将墙体分成若干段，而基础不必断开；伸缩缝间距为60m左右；伸缩缝的宽度为20～30mm，缝内应填保温材料。

2. 沉降缝——由于建筑的自重，在其建造和使用的过程中，会将地基下的土层压实，而产生下降，这种现象叫做沉降。当建筑物各部分的自重不同，比如高层建筑的塔楼和群房，或者建筑跨在不同承载力的地基之上，不同部位的沉降大小不同，就产生了不均匀沉降的现象。沉降缝的作用是防止因建筑物的不均匀下沉而造成的破坏，一般从基础底部断开，并贯穿建筑物全高；沉降缝的两侧应各有基础和砖墙，使两侧成为各自独立的单元，可以垂直自由沉降；

沉降缝的设置原则：建筑物的体型比较复杂，在建筑物平面的转折部位；建筑的高度和荷载差异较大处；过长建筑物的适当部位；地基土的压缩性有显著差异处；建筑物的基础类型不同以及分期建造房屋的交界处，都应设置沉降缝。沉降缝的宽度：2、3层50~80mm；4、5层80~120mm；6层以上不小于120mm。

3. 抗震缝——当建筑的形体变化，结构方式变化时，在地震力的作用下不同的形体与结构的震动规律不同，就会在形体与结构变化的部位产生很大的应力而使建筑遭到破坏。为了防止地震中的这种破坏而要设置抗震缝，一般在地震烈度7~9度的地区设置。

抗震缝的设置原则：房屋立面高差在6m以上；房屋有错层，并且楼板高差较大；各组成部分的刚度截然不同时。

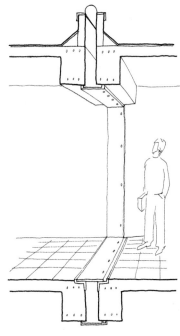

最小缝隙尺寸50~100mm；高层建筑物的抗震缝的宽度按建筑总高度的1/250考虑。缝两侧应有墙，缝隙从基础顶面开始，贯穿建筑物的全高。

思考与练习

现场实习

1. 在身边的建筑中，了解建筑墙体的几种细部构造。

2. 根据建筑变形缝设置的原则，判断身边的建筑是否设有变形缝，并在相应的建筑部位验证自己的想法，进一步判断是哪一类变形缝，同时观察变形缝处墙体和楼地面的构造。

图 5-25 建筑变形缝处的结构做法

第六讲　楼地面与楼梯

基本概念：楼地面的功能、组成及分类

楼地面包括楼板层和地面层。区别的方法就是看其下部还有无空间，有空间的叫楼板层，下部没有空间，只是地基土的叫地面层。

楼地面 = 楼面（楼层地面）＋ 地面（底层地面）

楼板层的构造层次（从上到下）：面层、楼板、顶棚。

地面层的构造层次（从上到下）：面层、结构层、垫层（地基土）。

一、楼地面的功能

1．保护支撑结构。

2．满足正常使用功能。

(1) 隔声要求：空气传声、固体传声。

(2) 吸声要求：软质地面，如地毯。

(3) 防水、防潮要求：天然石材、地砖、水磨石。

(4) 热工要求：如居室与办公室不同。

(5) 弹性要求：如舞台、篮球场。

3．满足美观要求。

二、楼面的构造组成

1．基层：地面的垫层多为混凝土或夯实土；楼面的基层为楼板。

2．垫层：结合、隔声、找坡作用；分刚性垫层（不产生塑性变形，多为C10混凝土，用于整体面层、小块料面层）、非刚性垫层（砂、碎石）。

3．面层：是使用者直接接触的表面，具体做法与要求详见第二节。

三、楼地面的分类

按使用面材的种类可分为：水泥地面、水磨石地面、天然石地面等。

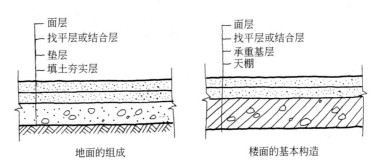

地面的组成　　　　　　　楼面的基本构造

图 6-1　地层地面的基本构造层次和楼层地面的基本构造层次

按构造方法、施工工艺可分为：整体地面、块料地面、木地面、人造软制品地面等。

基本概念：楼梯的形式与材料

一、楼梯的形式

楼梯的功能是满足垂直交通，方便人们到达各层平面。楼梯的平面形态有多种：直跑楼梯、交叉楼梯、剪刀楼梯、双分楼梯、弧形楼梯、螺旋楼梯等。层高的不同，楼梯踏步数量也不同，为了方便人们行走，当踏步数量多时，要加设缓步平台，这样楼梯就被分为几段，所以楼梯有单跑的、双跑的、三跑的，还有四跑的。

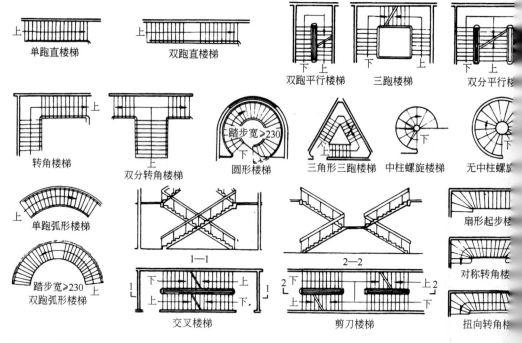

图 6-2　楼梯的平面形式有多种，直线型的空间紧凑，主要用于交通和疏散，曲线型的往往会成为空间中的装

6-3 北京饭店客房楼双分直线楼梯，是主要的交通

图 6-4 北京长安大戏院双跑直楼梯，适应观众入场退
场时的大量人流

-5 北京国际饭店大堂螺旋楼梯，在满足功能的同
划造了景观

图 6-6 围绕中柱盘旋而上的螺旋楼梯(引自《复式风情》)

图 6-7 宾馆内的圆形楼梯，成为中庭当中主要的景观
元素(引自《亚洲设计 03 酒店空间》)

图 6-8 加拿大安大略艺术画廊，旋转楼梯的栏杆形
极有表现性的构图(引自《当代世界建筑经典精选 3
顿·迈尔斯》)

图 6-10 北京饭店中庭景观楼梯，对称的曲线形态
成了二层平台与一层地面的呼应

图 6-9 加利福尼亚表演艺术中心，楼梯连通 3 层
空间，其变化的造型成为整个中庭的中心(引自《当
代世界建筑经典精选 3 巴顿·迈尔斯》)

图6-11 北京海淀剧院双跑弧线楼梯，从低下层连通到二段的弧度不大，但是形成了尺度适当的楼梯井，既能下层的楼梯采光，又能够通过悬挂物创造景观

二、楼梯材料

楼梯的结构材料有，钢筋混凝土、钢、木、铝合金及混合材料；

楼梯的饰面材料有，水泥砂浆、陶瓷锦砖、面砖、金刚砂、天然石板、人造石板、木地板、地毯、玻璃、塑料、钢管、不锈钢等。

图6-12 钢制楼梯，钢结构、钢栏杆(引自《亚洲设计01商业空间》)

图6-13 钢制楼梯(引自《亚洲设计01商业空间》)

图6-14 钢结构，木制踏面，木扶手，玻璃栏板楼梯(引自《复式风情》)

图 6-15 这是一个用钢材建造的装置，运用裁剪的方式对钢板进行处理，其形象类似于靠地面和墙壁支撑的楼梯(引自《时代建筑》2005.01)

图 6-16 Willingen滑雪跳台钢楼梯(引自《建筑细部》01)

图 6-17 北京和平饭店木质螺旋楼梯，踏步间通透的缝隙，纤细的钢制扶手很让人怀疑其承载力，在餐厅中其装饰功能明显大于实用功能

图 6-18 木制单跑直楼梯，在色彩和形式上与整的装饰风格相一致(引自《亚洲设计05餐饮空间》)

—19　玻璃踏面楼梯(引自《亚洲设计04办公空间》)

图 6-20　卡洛斯·法雷塔工作室，折叠钢板楼梯形成很强的几何性装饰，在大玻璃窗内成为建筑立面中非常活跃的因素(引自《时代建筑》2004.06)

-21　北京王府井饭店大堂双分楼梯，石材铺装，铸干，木扶手

图 6-22　北京港澳中心楼梯，石材铺装，玻璃栏板，金属扶手

75

基本知识：楼梯的设计

一、楼梯的布置与宽度设计

（一）楼梯的位置

交通枢纽、人流集中点上，以便于疏导人流，如门厅、走廊交叉口、端部等；楼梯的数量、间距必须符合防火规范、满足疏散要求。

（二）主要楼梯、辅助楼梯

主要楼梯位于人流量大的疏散点上，要求明确醒目、直达通畅、美观协调、有效利用空间。辅助楼梯位于相对次要的位置上，配合主要楼梯实现疏散功能。

（三）楼梯宽度

作为主要交通用楼梯，梯段宽度按每股人流宽0.55~0.77m计算，并不应小于两股人流。

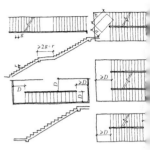

图6-23 楼梯一些平面相关尺度设计依据

图中：D—为楼梯段的净宽；r—踏步的高度；g—为每步踏步的宽度；a/b—为可能在楼梯中搬运家具的尺度

名　　称	住　宅	学校、办公楼	剧院、会堂	医院（病人用）	幼儿园
踏步高(mm)	156~175	140~160	120~150	150	120~150
踏步宽(mm)	250~300	280~340	300~350	300	260~300

图 6-24　楼梯一些平面相关尺度的设计

辅助楼梯，梯段净宽不可小于900mm。

二、楼梯坡度与净空高度

（一）楼梯坡度

公共场所一般楼梯坡度为1：2，仅供少量人使用或不常使用的辅助楼梯坡度不宜超过1：1.33。

（二）踏步尺寸

应适合于人行走的需要，其取值范围见图6-25。

防止碰头和压抑感，梯段净空不小于2200mm，平台梁下净空不小于2000mm，且平台梁与起始踏步前沿水平距离不小于300mm。

（三）楼梯净空高度：

楼梯各部位的净空高度应保证人的通行舒适度和家具搬运的要求，一般休息平台梁下通道净空高度不应小于2000mm，楼梯之间的净空高度不应小于2200mm。

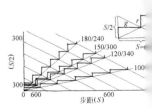

图 6-25　楼梯坡度的设计

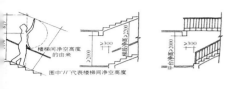

6-26 楼梯相关空间高度的设计

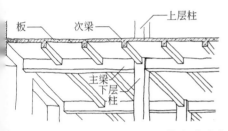

6-27 双向梁（主次梁）：又称肋形楼盖；板支在梁上，次梁支在主梁上，主梁支在墙柱上

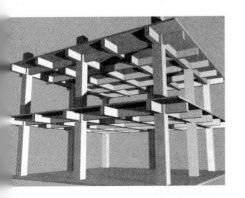

6-28 井字梁，主、次梁等高，适用于方形的平面

扩展知识：现浇钢筋混凝土楼板的尺寸

（一）现浇楼板：

1. 单向板：L1:L2>2，单边受力；现浇板厚为跨度的1/30～1/40，且<60mm；

2. 双向板：L1:L2≤2，双向受力；现浇板厚同上；

3. 悬臂板：雨棚阳台等部位，受力钢筋应摆在板的上部；板厚1/12挑出尺寸，且<70mm（根部）。

（二）现浇梁板：

1. 单向梁（简支梁）：高跨比1/10～1/12；宽高比1/2～1/3；经济跨度4～6m；

2. 双向梁（主次梁）：又称肋形楼盖；板支在次梁上，次梁支在主梁上，主梁支在墙柱上；次梁高跨比1/10～1/15；主梁高跨比1/8～1/12；宽高比1/2～1/3；主梁经济跨度5～8m；

3. 井字梁：肋形楼盖的一种，主、次梁等高，一般用于接近正方形的平面（较大空间20m×20m）。

思考与练习

资料调查

参照本讲内容进一步查阅相关楼梯设计的规范。

现场实习

1. 实际测量教学楼楼梯踏步的尺寸，并由此推算教学楼每一层的高度。再运用这种办法推算住宅楼或者宿舍楼的高度。

2. 在身边的建筑中，寻找5种不同样式的楼梯，分析其交通功能，体会其空间、造型的特点。想一想有何不足可以改进。

制作设计

3. 设想某发廊沿街店面，面宽5m，进深3.6m，净高4.2m，现欲在店内加建一夹层，请确定夹层的位置，并设计一部楼梯。

第七讲　屋　　顶

基本知识：屋顶概述

屋顶是建筑的基本组成元素，是建筑物区别于其他构筑物的一项最基本要素。屋顶既是建筑的结构体又是建筑的围护体。屋顶要承受重量，又要很好地实现保温、隔热、防水的作用，同时作为建筑造型构图的一部分，屋顶也要与整体建筑造型协调美观。

屋顶技术的发展，直接决定了建筑的规模以及内部空间特性形态，同时被程式化了的屋顶形式也是各种建筑风格的重要特征元素之一。

根据屋顶的坡度和形态的不同，常见的屋顶可以分为 3 种类型，但是不论哪种屋顶，为了顺利地排走雨水，都要通过结构或者构造的方法，形成一定的坡度。

一、坡度表示法

1. 坡度：$i=$ 高度尺寸／水平尺寸 × 100%，如 $i=5\%$；

2. 角度：屋面与水平线的夹角，如 $\alpha =22°15'$ 、45°；

3. 高跨比：高度尺寸／跨度，如 1/4。

图 7-1　中国传统建筑的典型坡屋顶，已成为中国传统建筑的象征符号之一，颐和园

图 7-2 这样的穹顶及其组合，反映了欧洲古典
建筑样式的复兴。柏林圣心大教堂

图 7-3 文艺复兴的穹顶，文艺复兴开始的标志。佛
罗伦萨大教堂穹顶

图 7-4 典型的哥特式屋顶与飞扶壁。巴黎圣母院

图 7-5 东南亚地区的佛教建筑的坡屋顶

79

二、分类

屋顶的形式丰富多样，尤其是现代的建筑，屋顶的形式更是自由多变。但是为了便于学习与了解，习惯上我们常常将屋顶分为3类。

1. 平屋顶：屋面坡度2%～5%。

2. 坡屋顶：屋面坡度10%～100%。

3. 其他类型：其实具体来分屋顶还有很多的形式，比如说穹顶、拱形屋顶、折板屋顶、悬索屋顶、薄壳屋顶、充气屋顶等等。这些屋

图 7-6　当我们飞在空中或站在高处，各式各样的屋顶是我们见到最多的

图 7-7　单坡屋顶，中国的甘陕地区的传统民居中有单坡屋顶，用在现代建筑中也别有一番风味

顶差异主要是承重结构系统的不同，屋面构造不外乎平屋顶和坡屋顶
两种基本形式，本章将详细介绍这两种屋顶。

图 7-8　由悬索结构支撑的膜结构屋顶，它的最大的特点就是：结构轻巧、施工
快捷、可以形成很大的内部空间

图 7-9　充气结构的屋顶

图 7-10 拱壳结构的
屋顶

基本做法：平屋顶构造

平屋顶的原始应用是在西北高原或是荒漠等干旱地区，因为这些地区的屋顶防水功能已经减得很低。随着现代建筑的出现和现代建筑技术的不断发展，平屋顶因其简洁的形态和经济的造价，已经广泛应用于各个地区的各种建筑，成为最主要的屋顶形式之一。

一、平屋顶应考虑的主要因素

1. 屋顶是否为上人屋面，决定屋顶的荷载和面层的材料。

2. 屋顶所处的房间的湿度大小，决定是否加设隔蒸汽层。

3. 建筑所处的地区的气候，决定是保温还是通风散热。

二、平屋顶构造层与材料选择

承重层：是屋顶的主要结构部分，支撑着屋顶的存在。现在常用钢筋混凝土现浇板。

保温层：通过保温材料减少室内外热量通过屋顶的传递。北方地区常用保温材料有加气混凝土和聚苯乙烯泡沫塑料板。

防水层：防止屋顶及水渗入保温层和室内。有柔性防水和刚性防水两种方式。柔性防水指使用沥青等防水卷材，如 SBS 改性沥青弹性卷材、APP 弹性卷材、 SBS 改性沥青防水涂料、合成高分子防水涂料

图 7-11　历史上，平屋顶只能出现在干旱地区的建筑上，
因为当时平屋顶的防水是一项难题

-12　现代建筑，平屋顶之所以可以大量的应用，
防水技术的发展可以说是主要原因之一　瑞姆·
斯的波尔多住宅 法国(引自《瑞姆·库哈斯的作
思想》)

图 7-13　无论屋顶形式多么复杂，只要屋面的坡度和排水方
式符合平屋顶的特征，就是平屋顶　弗兰克·盖里的辛辛那提
大学分子研究中心(引自《弗兰克·盖里的作品与思想》)

等；刚性防水指使用防水混凝土添加剂。

找平层：将粗糙的表面处理平整，防止积水的产生和对卷材的破坏。常采用水泥砂浆、细石混凝土，找平层宜设分隔缝，以防止热胀冷缩引起破坏。

找坡层：利用一定的填充材料，人为的使屋顶产生一定的坡度，以利于雨水的排除。一般采用粉煤灰、浮石或焦渣。也有以保温层兼作找坡层的。

隔气层：丹东—北京一线以北，室内空气湿度大于75％，或室内空气湿度常年大于80％的保温屋面应设置隔气层，防止水蒸气在通过屋顶向室外传递的过程中在保温层内形成凝结水，影响保温效果。隔气层的一般做法使用防水涂料，较高要求时使用防水卷材。

三、柔性防水屋面的基本构造层次

1．不上人屋面：

保护层—防水层—找平层—保温层—找坡层—承重层。

2．不上人有隔气层屋面：

保护层—防水层—找平层—保温层—找坡层—隔气层—找平层—承重层。

3．上人屋面：

面层—隔离层—防水层—找平层—保温层—找坡层—承重层。

4．上人有隔气层屋面：

面层—隔离层—防水层—找平层—保温层—找坡层—隔气层—找平层—承重层。

四、刚性防水屋面的基本构造

混凝土如果没有裂缝就会具有很强的防水能力，因此混凝土刚性防水层的构造关键就是防止裂缝的产生。

1．无筋刚性防水层：40厚C20细石混凝土，加防水外加剂，设分缝、全缝：上宽25，下宽15，中距6～9m，缝内嵌入20厚丙烯酸建筑密封膏，下部用细砂填充。

2．配筋刚性防水层：40厚C20细石混凝土，配$\phi 6$或冷拔$\phi 4$一级钢筋，双向中距100mm钢筋网片绑扎或点焊，安装位置居中偏上，但上面保护层应大于10mm，宜掺防水剂，设分缝、全缝：上宽25mm，下宽20mm，钢筋网片分隔缝处断开，缝内嵌入20mm厚建筑密封膏，下部用细砂填充。

3．配筋钢纤维刚性防水层：基本做法同配筋刚性防水层，但混凝土内掺钢纤维，每立方米细石混凝土内掺50kg钢纤维，纤维直径0.3mm，长30mm。

基本做法：坡屋顶的构造

屋面坡度大于1：7的屋顶叫坡屋顶；雨水排除容易，防水好，隔热、保温好；历史上，降雨量较大的地区屋顶多为坡屋顶，并且一般来说，雨量越充沛屋顶的坡度越大。

一、坡屋顶的构造

包括两大部分：

由屋架、檩条、屋面板构成的承重结构；

由挂瓦条、油毡层、瓦等组成的屋面层。

7—14 可以这样说，坡屋顶是非现代建筑中最常见的
中屋顶形式，地区内的风格一般也较统一

图 7—16 雨量适中的地区，其屋顶的坡度就可以比较平缓

7—15 屋顶的坡度一般来说取决于当地的气候特征，
亚地区雨量极其充沛，因此他们的屋顶很陡峭，以便
顺畅

二、坡屋顶的构造层次

（一）坡屋顶的承重结构

1．人字木屋架：无下弦杆，不能从下弦直接吊顶，跨度4～5m，屋架间距2m；

2．三角形木屋架：跨度15m以内，屋架间距3m以内，屋架的高跨比 1/4～1/5，木料断面(120～150)mm×(180～240)mm；

3．钢木组合屋架：木屋架中拉杆用钢材代替，跨度15～20m，屋架间距4m以内；屋架的高跨比1/4～1/5；

4．钢筋混凝土组合屋架：由钢筋混凝土与型钢两种材料组成，上弦及受压杆用钢筋混凝土，下弦及受压杆用型钢，跨度15～20m；

5．硬山承重体系：开间一致，横墙承重，横墙起坡，起到屋架的作用。

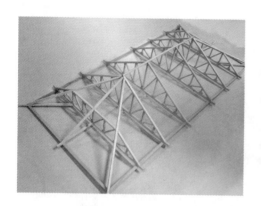

图 7-17 坡屋顶的木屋架结构模型

图 7-18 虽然没有屋面，但它刚好完整的体现了屋架的基本结构体系

图 7-19 现代建的屋架有时也不一定就是对称的

图 7-20 希腊神庙的屋架与屋面的结构构造模型

图 7-21　中国古建筑的屋架体系模型（以佛光　图 7-22　金属桁架也是一种屋架

寺为例）

（二）坡屋顶的屋面构造

屋架的布置：间距 3～4m，与开间相适应；稳定要求，每两榀屋架间做垂直剪力撑；

屋面的构造：

7-23　瓦屋面的构造

1. 檩条：檩条支撑在屋架上弦上，间距 700～900mm，断面(50～80)mm ×(70～140)mm，檩条最好放在屋架节点上；檩条上铺垂直的椽条，间距 500mm，断面 50mm × 50mm；

2. 屋面板：望板，厚 15～20mm，钉在檩条、椽条上；

3. 油毡：铺在望板上，防水作用；

4. 顺水条：断面 24mm × 6mm，顺水流方向钉在望板上，目的是压油毡，间距 400～500mm；

5. 挂瓦条：垂直钉在顺水条上，断面 20mm × 30mm，间距与瓦的尺寸适应（一般 280～330mm）；

6. 瓦：机平瓦、小青瓦、石棉瓦、琉璃瓦、瓦垄铁皮等。

思考与练习

资料调查

在介绍中国古代建筑的图书资料中，找到如下屋顶的形象：庑殿顶、歇山顶、悬山顶、硬山顶、攒尖顶；在介绍西方建筑的图书资料中，找到如下屋顶的形象：罗马穹顶、拜占庭穹顶、伊斯兰教穹顶、希腊山花、孟沙屋顶等。

制作设计

自行查阅书籍，按比例制作一个屋架的模型。

中篇 建筑装饰构造知识

第八讲 外墙面装饰

基本知识：外墙面装饰功能及分类

一、外墙面装饰的基本功能

1. 保护墙体; 2. 改善墙体物理性能（保温隔热、防潮、隔声等）; 3. 美化建筑立面。

二、外墙面装饰的分类

根据所采用的装饰材料、施工方式和本身效果的不同，墙面装饰可划分为5类：1. 抹灰类装饰; 2. 石渣类装饰; 3. 贴面类装饰; 4. 板材类装饰; 5. 清水墙装饰。

基本做法：外墙面装饰做法

一、抹灰类装饰

1. 材料：水泥砂浆、混合砂浆。

2. 层次与厚度控制：粗底涂、中底涂、表涂。

（1）粗底涂

① 砖墙面的粗底涂：厚10mm；涂前湿润墙面；

② 混凝土墙面的粗底涂：表面处理（凿毛、甩浆、划纹、渗透性较好的界面处理剂）后进行;

③ 加气混凝土墙面的粗底涂：面涂一层水泥浆（配比比例为一份108 建筑胶水＋千份水＋适量水泥）后进行; 或墙面满钉孔大32mm、直径0.7mm 的镀锌钢丝网后进行，其特点为效果好、整体刚度强。

（2）中底涂

主要作用是找平; 可做一层或几层; 用料与粗底涂基本一致。

（3）抹灰面层

材料：水泥砂浆（1:2.5～1:3，防水、抗冻）。

引条线：将饰面分块的线条; 材料干缩或冷缩、施工接槎、便于维修、丰富立面等，一般是凹缝。

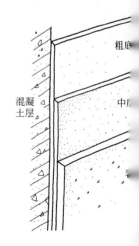

图 8-1 抹灰类墙体饰面的构造层次

3．抹灰面层的质量保证：主要质量问题：裂缝、空鼓、花脸。

（1）裂缝——原因：水泥比例高、骨料粒径过小、砂浆过厚。解决要求：砂浆比例1：2.5～1：3、粒径0.35～0.5mm、层厚10mm左右；

（2）空鼓——原因：面层与中底涂间粘接不牢、抹灰前淋水不匀、两层收缩变形系数不一样。解决要求：沙骨料粒径稍大、底层表面粗糙；

（3）花脸——原因：水化不均匀、盐析作用。解决要求：消除不太容易，加疏水剂可改善。

二、石渣类装饰

石渣类墙体饰面，以水泥为胶凝材料，显露出石渣的色彩和质感；一般称水刷石、干粘石、斩假石等；比抹灰类耐光性好、色泽明亮、质感丰富、装饰效果好。

基本构造与材料：构造层次与抹灰相同，只是面层为石渣；石渣可用天然大理石、白云石、方解石、花岗石、彩色陶粒等；粒径：大

图 8-2　北京塞纳维拉花园住宅抹灰涂料饰面(引自《北京国际风格楼盘》)

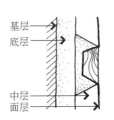

梯形木引条

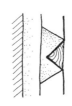

三角形木引条

图 8-3　北京一栋洋房别墅灰涂料饰面(引自《北京国际风格楼盘》)

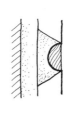

半圆形木引条

图 8-4　抹灰类墙体饰面的引条线做法

八厘8mm、中八厘6mm、小八厘4mm、米粒石2～4mm；也可用粒径30mm以上卵石骨料。

1. 水刷石：引条分隔线同抹灰，1:1以上水泥、石子涂抹墙面，表面初凝后，喷水枪冲刷露出石子。

2. 干粘石：模仿水刷石，5mm厚粘接砂浆，再向上喷射石子（3～5mm）；特点：不用水冲、节省水泥、省时，但石渣易脱落、平整度、色泽不如水刷石。

3. 斩假石／剁斧石：仿真石效果，表面机理有棱，点剁斧、花锤剁斧、立纹剁斧等。

混凝土基层
素水泥浆
0～7厚1:0.5:3水泥石灰混合砂浆
5～6厚1:3水泥砂浆
素水泥浆
20厚1:1水泥大八厘石粒浆

图 8-5　石渣类墙体饰面的构造层次

图 8-6　石渣类墙体饰面效果

图 8-7　斩假石的效果实例

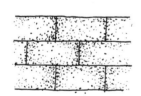

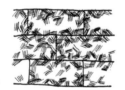

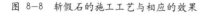

图 8-8　斩假石的施工工艺与相应的效果

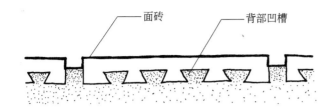

图 8-9　面砖的粘接工作原理

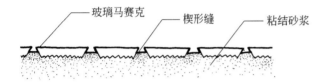

图 8-10　陶瓷锦砖的粘接工作原理

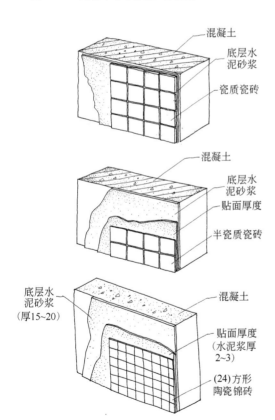

图 8-11　瓷质瓷砖的外墙面粘贴构造做法；半瓷质瓷砖的外墙面粘贴构造做法；陶瓷锦砖的外墙面粘贴构造做法

三、贴面类装饰

贴面类：将规格和厚度较小的块料面层粘贴到墙体底涂上的一种装饰做法。常用的材料：陶瓷制品——瓷砖、面砖、陶瓷锦砖；小规格天然石材薄板（边长300mm以内，厚度10mm左右，形状规则或不规则）。外墙的贴面类装饰，要求坚固耐久、色泽稳定、耐腐蚀、防水、防火和抗冻。

陶瓷制品的吸水率应当适当。吸水率高，粘接的牢固程度高，但是抗冻性、抗污染能力差，吸水率低，抗冻性、抗污染能力强，但是粘接的牢固性差。

1. 外墙面砖——应用最广泛的外墙装饰材料。面砖的着色方法分为釉下彩、釉上彩，釉下彩色彩种类较少，釉上彩色阶较丰富，但色彩附着力差。外墙面砖的形状、种类很多，背面有凹槽。

2. 玻璃马赛克（玻璃锦砖）：玻璃烧制成的片状小方块，贴在303mm×303mm的牛皮纸上。

镶贴方法与工序: 1、墙上弹线; 2、纸板的陶瓷锦砖上满刮1~2mm厚白水泥胶水浆; 3、弹好线的墙上喷水; 4、纸板贴倒墙上, 轻拍, 直至胶浆挤满块缝; 5、初凝后, 湿润纸面, 揭纸, 拨正斜块; 6、凝结后, 擦洗陶瓷锦砖表面。

图 8-12 某住宅楼面砖装饰

图 8-13 施工中的面砖装饰

四、板材类装饰

1. 板材的种类及规格

(1) 板材的种类: 天然大理石、花岗石、青石板、人造石等。大理石是变质岩石, 宜用于室内饰面; 花岗石是火成岩石, 抗酸碱、抗风化、耐用期可达100~200年; 青石是水成岩石, 片状、松散、成风化状, 山野风化特色。

(2) 板材的规格: 厚度20~40mm。

(3) 墙体基面的处理: 同抹灰墙底涂。

2. 饰面板的安装。

贴——小规格板材 (边长小于400mm, 厚度10mm), 与面砖铺贴方法基本相同;

挂——大规格板材 (边长500~2000mm), 亦有绑扎法、挂贴法。

(1) 绑扎法: 板较薄时, 金属丝绑扎固定板边。①焊接或绑扎钢筋骨架; ②板材侧面钻孔打眼: 牛鼻孔/斜孔; ③绑扎安装: 将金属丝穿入孔内, 将板就位, 自下而上安装, 将金属丝绑在横筋上; ④灌浆: 分层灌注 (整体性); ⑤水泥色浆嵌缝, 边嵌边擦干。

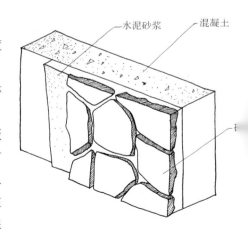

图 8-14 石材的外墙面粘贴构造做法

水泥砂浆　混凝土

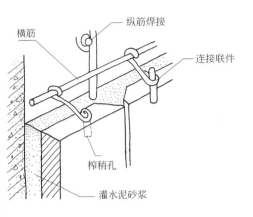

图 8—15 外墙饰面板材绑扎粘贴法
的节点连接示意

（2）挂贴法：适用于较大面积板材，板块较厚，通过镀锌锚固件与基体连接。其实就是通常所说的干挂石材幕墙。

锚固法工序简单，坚固可靠，表面平整度高。现在锚固件的生产厂家很多，形式各异，安装工艺也有所不同，同学们可以做一些市场考察便一目了然，这里不再赘述。

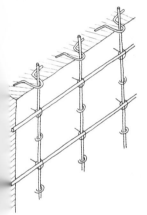

8—16 外墙饰面板材绑扎粘法的邦扎钢筋骨架做法示意

图 8—17 挂贴法石材幕墙：1.镀锌锚固件；2.在板材上开槽；3.板材上的开槽；4.板材与基体的固定方式之一：锚固件直接连接板材和基体；5.板材与基体的固定方式之二：锚固件连接在与基体紧密连接的型钢龙骨上

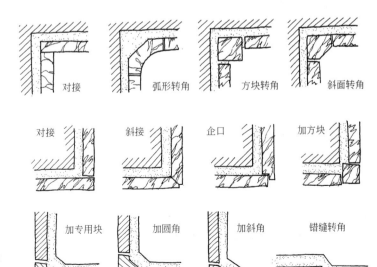

图 8—18 饰面板材转角
处的接缝处理方法举例

图 8-19　石板幕墙饰面

图 8-20　天然石材饰面的色彩肌理效果

图 8-22　北京海淀剧院石材和铝板饰面

3．交接部的细部构造——板材接缝：水平接缝、凹凸错缝、阴阳角接缝。

图 8-21　维也纳现代艺术馆，建筑外表基本没有门窗，通体采用艾弗尔玄武石饰面，色彩暗淡，使整个建筑给人以从地洞里生长出来的感觉。饰面块材尺寸和色泽不一，从下向上块材尺寸逐渐加大，这样在夜晚的灯光下又给人以迷离莫测的感觉(引自《建筑细部》2003.01)

图 8-23　采用银色的铝制夹层板饰面，配合石材，形成了明确的建筑形象　法兰克福

图 8-24　金属板饰面(引自《建筑细部》)

图 8-25　北京柿子林别墅腐蚀钢板墙面(引自《时代建筑》2003.05)

图 8-26　柏林海尔勒住宅，标准木料结构，外表为木板条饰面(引自《时代建筑》2003.06)

五、清水墙装饰

墙体筑成之后，墙面不加其他覆盖性装饰面层，只利用原结构表面进行勾缝或模纹处理。

有清水混凝土、清水砖墙等。

图 8-27　沈阳小南天主教堂青砖建筑

图 8-28　北京通州艺术中心门房，混凝土结构以青砖饰面，在建筑转角处丁砖突出墙面，且逐渐减少突出的大小，形成皱折装的装饰效果(引自《时代建筑》2005.01)

图 8-29　同左，此图中丁砖缩进墙面，且逐渐缩进的大小也呈现出明显的递变装饰效果(引自《时代建筑》2005.01)

图 8-30 日本和歌山现代艺术博物馆，清水混凝土墙体，简洁有力，曲线的形态又带来变化(引自《当代世界建筑经典精选10 黑川纪章》)

图 8-31 鹿野苑石刻艺术博物馆清水混凝土外墙(引自《时代建筑》2003.05)

思考与练习

资料调查

查阅资料，了解外墙石材的安装工艺。

现场实习

到建材市场收集外墙面装饰材料的资料，记录5种不同产品的尺寸规格、材料特性。

第九讲　内墙面装饰

基本知识：内墙面装饰功能及分类

功能：保护墙体；保证室内使用条件；易于清洁，反光功能，反射声波和吸声的功能，保温隔热的功能；装饰室内（质感、色彩、线形）

分类：抹灰类、贴面类、罩面板类、卷材类、涂料类

基本做法：内墙面装饰做法

一、抹灰类装饰

构造层次与外墙相似，只是内墙不需要留很宽的灰缝。材料：纸筋石灰、大白粉、有成品线脚与花饰可供粘贴。

墙角（阳角）的保护方法：1.抹灰前在墙角上先做暗的水泥或金属护角条，最后再用粉刷抹平；2.将墙角做成圆角或斜角；3.在墙角上做明露的不锈钢、黄铜、铝合金、橡胶的护角。

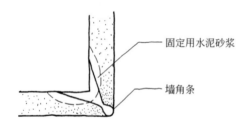

图 9-1　墙角（阳角）的保护方法1：抹灰前在墙角上先做暗的水泥或金属护角条，最后再用粉刷抹平

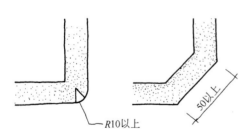

图 9-2　墙角（阳角）的保护方法2：将墙角做成圆角或斜角

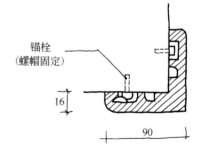

图 9-3　墙角（阳角）的保护方法3：在墙角上做明露的不锈钢、黄铜、铝合金、橡胶的护角

二、罩面板装饰

1．面层材料：胶合板、细木工板（夹板）、石膏板、钢板、塑料板、镜面玻璃等。

2．构造：

（1）木龙骨：断面20～40mm，竖筋间距400～600mm，横筋间距600mm。

（2）墙上防潮措施（防止木板受潮翘曲、霉变）：防潮砂浆粉刷，干燥后，涂一道涂膜橡胶。

（3）板缝处理：斜接密缝、平接留缝、压条盖缝。

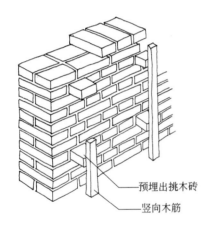

图 9-4　黏土砖墙进行罩面板装饰的龙
骨安装

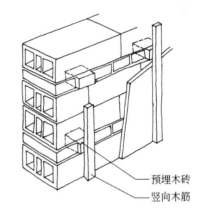

图 9-5　空心砖墙进行罩面板装饰的龙
骨安装

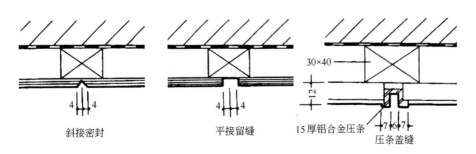

图 9-6　罩面板装饰的板缝处理：斜接密缝、平接留缝、压条盖缝

图 9-7　木板墙面装修(引自《亚洲设计01商业空间》)

图 9-8　北京保利剧场存衣处石材装修

图 9-10　卢浮宫美术馆室内的石材装修

图 9-9　法国巴黎pacific tover观众厅。石材与木材墙面装修,满足厅堂的声学要求(引自《当代世界建筑经典精选10 黑川纪章》)

图 9-11　卵石装饰的墙面(引自《中式茶楼》)

3.镜面墙装饰：鱼鳞式、面砖式、大面积整片的镜面墙；鱼鳞式、面砖式采用的是小片镜片：胶粘、压条；大型镜面玻璃墙的构造同普通罩面板，不同的是在夹板面上固定玻璃。固定方法有3种：1.木框、金属框固定；2.玻璃上钻孔，螺钉固定四角；3.胶粘。

三、卷材类装饰

1.材料：墙纸：纸基、塑料、软木面层等；织物：锦缎、麻毛、棉纱等；微薄木：圆木卷切，厚1mm，柚木、水曲柳、桃心木等。

2.优点：色彩、花纹、图案丰富，柔性材料，适用于曲面转角连续裱糊，整体性好。

3.工序：基层处理——弹垂直线——裁纸——润纸——涂胶裱贴——拼缝裁切。

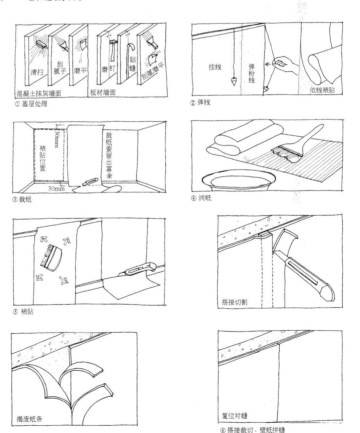

①基层处理　　②弹线　　③裁纸　　④润纸　　⑤裱贴　　⑥搭接裁切、壁纸拼缝

图9-12　卷材类装饰基本工序——基层处理、弹垂直线、裁纸、润纸、涂胶裱贴、拼缝裁切

四、涂料类装饰

1. 材料：根据状态的不同，建筑涂料可划分为溶剂型涂料、水活性涂料、乳液型涂料和粉末涂料等几类。根据装饰质感的不同，建筑涂料可划分为薄质涂料、厚质涂料和复层涂料等几类。根据建筑物涂刷部位的不同，建筑涂料可划分为外墙涂料、内墙涂料、地面涂料、顶棚涂料和屋面涂料等几类。

2. 施工：喷涂、滚涂、刷涂

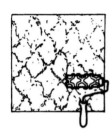 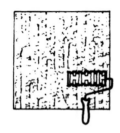 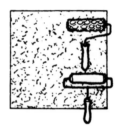

图 9-13　涂料类装饰之组合滚涂饰面做法，利用辊子上的基本图案模型，在有一定厚度的涂料上连续滚压，形成一定规律的凸凹图案。这种做法古波斯人在制作陶器时就已经在使用了

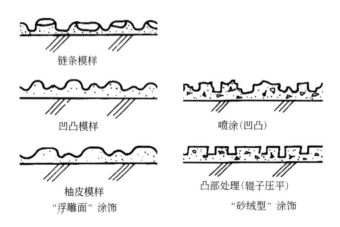

链条模样

凹凸模样　　　　　　　　喷涂(凹凸)

柚皮模样　　　　　　　　凸部处理(辊子压平)
"浮雕面"涂饰　　　　　　　"砂绒型"涂饰

图 9-14　利用喷涂、辊子模压和甩毛等方式可以形成丰富多变的表面肌理

扩展知识：隔墙做法

建筑中不承重、只起分隔室内空间作用的墙体叫隔断墙。通常其中把到顶的叫隔墙，不到顶的叫隔断。

图 9-15 空心砖墙体的砌筑实例

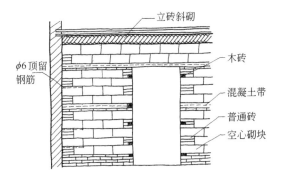

图 9-16 空心砖墙体的砌筑要考虑边角处的加固以及增强墙体的整体性和稳定性

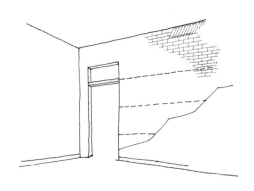

图 9-17 黏土砖隔墙要注意大面积墙体的稳定性，以及墙体顶部的处理

一、隔断墙的设计要点

隔断墙应愈薄愈轻愈好，减轻加给楼板的荷载，增加建筑的有效空间；

隔断墙的稳定性必须保证，特别注意与承重墙的连接；

隔断墙要满足隔声、耐水、耐火的要求。

二、隔墙的常用做法

隔墙的种类很多，按其构造方式可分为：块材隔墙、轻骨架隔墙、板材隔墙3种。

1. 块材隔墙

（1）普通黏土砖隔墙：120mm厚隔断墙：黏土砖砌筑，可以满足隔声、耐水、耐火要求；

加强墙体稳定性：①隔墙与外墙做拉接筋；②隔墙上部与楼板连接处立砖斜砌；③隔墙上有门时，用预埋件将墙与门框拉接牢固；④墙高3m，长5.1m，应每8～10皮砖砌入一根ϕ6钢筋。

（2）砌块隔墙：质轻、保温、吸声，墙厚一般为90～120mm。砌块一般吸水性强，强度相对较低，因此，砌筑时应先在墙下先砌3～5皮黏土砖，暴露的边角部位应用黏土砖加强。

2. 轻骨架隔墙

轻骨架隔墙由骨架和面层两部分组成，先立骨架后作面层。骨架：常用的骨架有木骨架和型钢骨架；面层：有抹灰面层和人造板材（胶合板、纤维板、石膏板等）面层。

图中文字：

立砖斜砌

ϕ6顶留钢筋

木砖

混凝土带

普通砖

空心砌块

（1）木龙骨板条抹灰面层隔墙：木龙骨上钉板条然后抹灰，板条尺寸一般为1200mm×24mm×6mm，间距7～10mm，使灰浆能挤到板缝背面，与板条咬合。板条抹灰隔墙耗费木材多、施工复杂、湿作业多，所以很少采用。

（2）轻钢龙骨人造板材隔墙：

贴面式：板材贴于龙骨表面；嵌板式：板材置于龙骨中间，四周用压条压住。

石膏板隔墙：石膏板＋龙骨＋面层。石膏板单层板拼装厚度：80mm、105mm、130mm；石膏板双层板拼装厚度：150mm、175mm、200mm，强度较差。

3. 板材隔墙

板材隔墙是指单板高度相当于房间净高，面积较大，且不依赖骨架，直接装配而成的隔墙。目前常用的有：

（1）加气混凝土板隔墙：板厚100mm，宽600mm；轻质多孔，易于加工。

（2）钢筋混凝土板隔墙：预埋件焊接；厚度50mm等。

（3）碳化石灰空心板隔墙：磨细生石灰＋玻璃纤维，厚度100mm。

（4）泰柏板隔墙：钢丝网泡沫塑料水泥砂浆复合墙板：以钢丝网笼为构架，填充泡沫塑料芯层，表面水泥砂浆。重量轻、强度高、防火、隔声、不腐烂；产品规格：2440mm×1220mm×75mm，抹灰后的厚度100mm。

（5）GY板隔墙：钢丝网岩棉水泥砂浆复合墙板。以钢丝网笼为构架，填充岩棉板芯层，表面水泥砂浆。其特点为重量轻、强度高、防火、隔声、不腐烂。产品规格：（2400～3300mm）×（900～1200mm）×（55～60mm）。

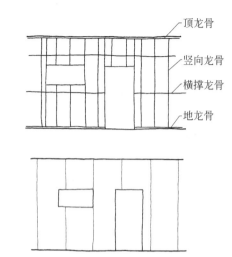

图 9-18 龙骨板材隔墙

图 9-19 玻璃隔断（引自《魅力样板房》）

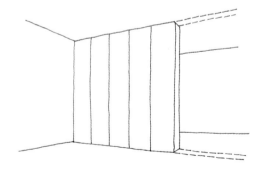

图 9-20 板材隔墙

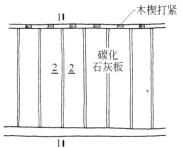

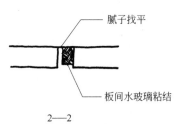

图 9-21　板材隔墙的立面　　　　图 9-23　板材隔墙中板材之间的连接

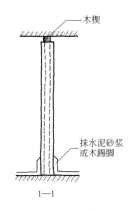

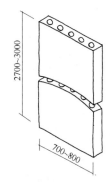

图 9-22　板材隔墙的剖面图　　　　图 9-24　板材隔墙中的板材

图 9-25　天然竹子杆制作的隔墙，营造天　图 9-26　柏林海尔勒住宅，木龙骨木
然休闲的气氛(引自《亚洲设计05餐饮空间》)　条饰面隔墙(引自《时代建筑》2003.06)

105

思考与练习

现场实习

到建材市场收集内墙面装饰材料的资料，记录5种不同产品的尺寸规格，材料特性。

制作设计

使用不超过3种的内墙面装饰材料，为单元住宅楼的楼梯间进行装饰。

第十讲　楼地面面层与楼梯装饰

基本做法：楼地面面层做法

一、整体地面的装饰构造

（一）水泥地面：

　　双层做法：15～20mm厚1：3水泥砂浆结合层，5～10mm厚1：1.5～2水泥砂浆抹面；单层做法：只一层15～20mm厚1：2.5水泥砂浆；

（二）现浇水磨石地面

1. 现浇水磨石地面：天然石料，用水泥浆拌和，抹浇结硬再磨光打蜡。

构造分两层——底层：12～20mm厚1：3～1：4水泥砂浆找平打底。

面层：85%的石屑和15%的水泥浆；不得掺砂，否则容易出现孔隙；粒径4～12mm时，面层厚度10～15mm；随粒径增加，面层厚度增加。

2. 现浇美术水磨石地面：由彩色水泥加大理石屑制成。

3. 优缺点

优点有：厚度小、自重轻、分块自由、造价低；缺点有：现场工期长、劳动量大（需现场打磨）。

二、板块料地面的装饰构造

陶瓷锦砖地面、陶瓷地面砖地面、预制板、块地面、花岗石地面、大理石地面、活动地板。

用胶结材料将预先加工好的板块状地面材料，以铺砌或粘贴的方式，使之与基层连接固定所形成的地面。属刚性地面，不具有弹性、保温、隔声等性能。施工前要先放线。

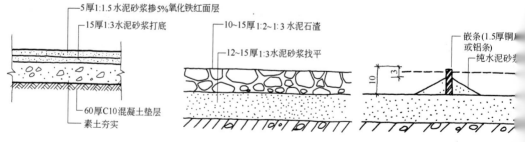

图 10-1　水泥地面构造　　　图 10-2　现浇水磨石地面构造　　　图 10-3　现浇水磨石地面嵌条做法

（一）陶瓷锦砖地面

15～39mm 见方，厚 5mm，块间 1mm 缝隙；底层 15～20mm 厚 1：3～4 水泥砂浆，铺上马赛克，辊筒压平，使水泥砂浆挤入缝隙。

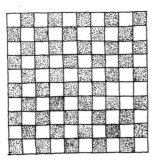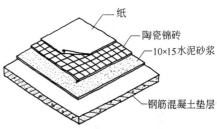

纸
陶瓷锦砖
10×15水泥砂浆
钢筋混凝土垫层

图 10-4 陶瓷锦砖地面平面形态及地面构造做法

（二）陶瓷地面砖地面和预制板地面、块地面

当预制板、块大而厚时：板下干铺一层 20～40mm 厚沙子，摆砖校正平整后，砂浆添缝；

当预制板、块小而薄或是地砖时：

方法一，用 12～20mm 厚 1：3 水泥砂浆胶结在基层上，胶好后 1：1 水泥砂浆嵌缝；

方法二，用 20～30mm 厚干硬性水泥砂浆平铺于基层上，摆砖校正平整后，将砖取下，砖下撒素水泥浆一道，将砖复位，用胶锤捣实。

（三）花岗石地面

1．基层有两种

（1）砂垫层。

（2）混凝土或钢筋混凝土垫层。

2．铺装工艺特点

（1）条石多用紧密式铺砌，石间 5mm 缝隙。

（2）块石多留较大缝隙，缝隙间用卵石、碎石嵌添、压实；还可用水泥砂浆嵌缝，或在缝隙间种植草皮。

（3）方整大理石地面，多采用紧拼对缝，接缝不大于 1mm。花岗石、大理石都可裁切成 20～30mm 厚板材，铺装地面。

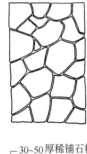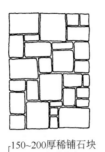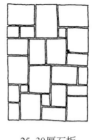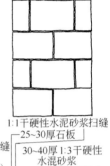

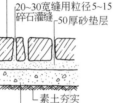

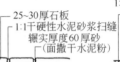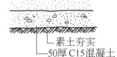

30~50厚稀铺石板
20~30宽石板缝
50厚掺草籽
黄土层
素土夯实
150×200厚砾石

150~200厚稀铺石块
20~30宽缝用粒径5~15
碎石灌缝
50厚砂垫层
素土夯实
150厚混凝土

25~30厚石板
1:1干硬性水泥砂浆扫缝
辗实厚度60厚砂
(面撒干水泥粉)
素土夯实
50厚C15混凝土

1:1干硬性水泥砂浆扫缝
25~30厚石板
30~40厚1:3干硬性
水混砂浆
混凝土
素土夯实
150厚3:7灰土或碎石

图 10-5 花岗石地面的拼砌方式与构造做法

图 10-6 紫禁城乾清宫室内"金砖漫地"。金砖
胚土选淘繁复，烧制精良，浸以生桐油，光亮鉴人，
不涩不滑

图 10-7 石材地面(引自《建筑细部》)

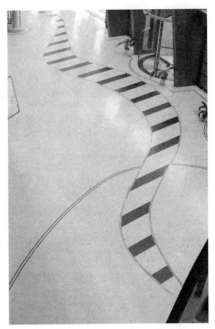

图 10-8　肌理清晰的天然石材地面，营造自然趣味
（引自《中式茶楼》）

图 10-9　北京海淀剧院门厅石材铺装，黑
色理石图案营造一种自由的气氛

（四）活动地板

活动地板又叫"装配式地板"，是由不同规格、型号和材质的面板、龙骨、支架等组合拼装而成的架空地面。活动地板架空空间可铺设各种管线。

适用于：仪表控制室、计算机房、变电控制室等。

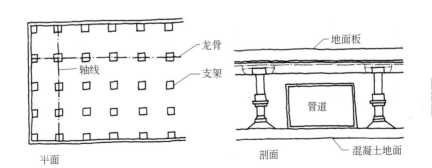

图 10-10　活动夹层地板的基本构造

109

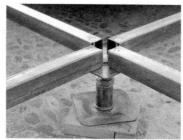

图 10-11 活动夹层地板构件

三、木地面的装饰构造

木地面具有良好的弹性、蓄热性、接触感。常用的有普通条木地面、硬木拼花地面等。

（一）架空式木地面

是指木地板搁置在架空的格栅上，使地面下有足够的空间便于通风，以保持干燥，防止格栅腐烂损坏。

格栅：(50～60)mm × (100～200)mm，中距400mm，防腐处理。

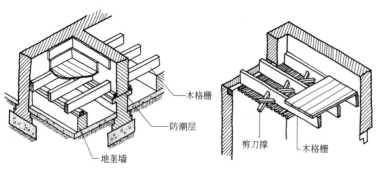

图 10-12 架空式木地板

图 10-13 木楼板

图 10-14 木地板地面(引自设计09展示文化空间》)

长条地板应顺房间采光方向铺设，走道则沿行走方向铺设；

（二）实铺式木地面

1. 格栅式：基层找平→防潮处理（涂油漆、热沥青、放置防潮垫）→钉木格栅（50mm × 50mm，中距400mm）→铺装地板面层（地板与墙面间留10～20mm 空隙）。

2. 粘贴式：楼板上做好找平层（有防水要求）→用粘接材料

直接将地板贴上。

节约木材30%～50%，结构高度小，经济性好；弹性差，维修困难。

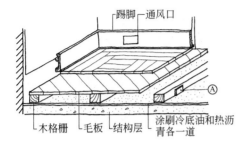

图 10-15　格栅式实铺木地面构造1

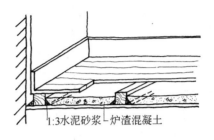

图 10-16　格栅式实铺木地面构造2

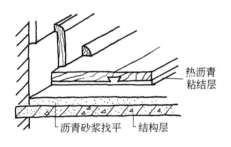

图 10-17　粘贴式实铺木地面构造

图 10-18　实铺木地板地面

（三）弹性木地面

对地面弹性有较高要求的空间场所，如一些比赛场地、舞蹈杂技排练厅和舞台等，需要做成弹性地面。弹性地面有衬垫式、弓式两类。

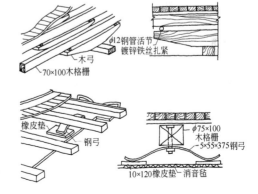

图 10-19　弓式弹性木地面构造

扩展知识：楼梯细部装饰构造

一、楼梯面层构造

（一）抹灰装饰

1. 踏步的踢面、踏面做 20～30mm 厚水泥砂浆或水磨石。

2. 防滑条：离踏口 30～40mm 处用金刚砂 20mm 宽或金属条棍作防滑条或用钢板包角，高出踏面 5～8mm，防滑条离梯段两侧面各空 150～200mm，以便清洗楼梯。

（二）贴面装饰

1. 板材和面砖：与地面装饰相似，可以采用大理石板、花岗石板、水磨石板、玻璃面砖等。

2. 防滑条：胶粘铜或铝的防滑条，高出踏面 5mm。将踏面板在边缘处凿毛或磨出浅槽。

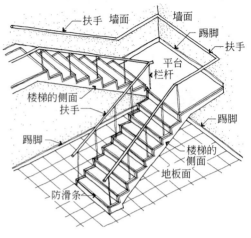

图 10-20　楼梯的一些基本组成

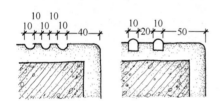 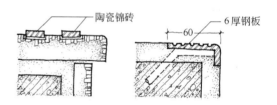

图 10-21　抹灰装饰楼梯的防滑条设置

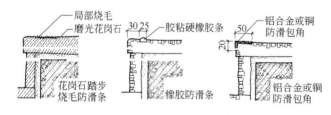

图 10-22　贴面装饰楼梯的防滑条设置

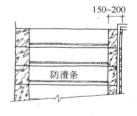

图 10-23　防滑条的平面位置

图 10-24　北京保利剧场观众听贴面装饰楼梯的
防滑条

图 10-25　北京友谊宾馆贴面装饰的楼梯踏步

图 10-26　贴面装饰的楼梯踏步(引自《北京五星
级酒店》)

图 10-27　贴面装饰的楼梯踏步

（三）铺钉装饰

木板、塑料等面材，以架空或实铺（类似地板铺设）的方式铺钉在楼梯上的面层做法，适用于人流少的室内楼梯。

（四）地毯铺设

粘贴式：将地毯粘在踏步基层上，踏口处用铜、铝等包角镶钉。这种做法地毯污染或磨损后，不易清洗和更换地毯，所以已经很少采用。

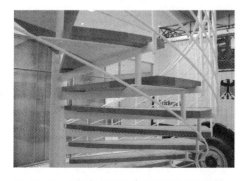

图 10-28　经木板铺贴装饰的钢构架螺旋楼梯

图 10-29　有地毯棍压住的地毯铺设

113

浮云式：将地毯直接铺在踏步基层上，用地毯棍将其卡在踏步上。

二、楼梯栏杆、栏板

楼梯的栏杆和栏板是重要的安全构件，也是最有文章可做的装饰构件。

当梯段净宽达到3股人流时宜两侧设扶手，达4股人流时应加设中间扶手。

栏杆高度自踏步前沿量起，在室内不小于900mm，室外不小于1050mm。危险性相对较高的位置，栏杆应适当加高。

栏杆的选材应坚固耐久，栏杆本身要求有足够的强度。栏杆的固定很关键，要能抵抗相应要求的侧推力。

图 10-30　楼梯栏杆扶手样式丰富多变，设计自由度相对很大(引自《亚洲设计05餐饮空间》)

图 10-31　玻璃踏步、金属栏板、木扶手螺旋楼梯(引自《亚洲设计03酒店空间》)

图 10-32　石材踏面、木扶手、玻璃栏板楼梯(引自《复式风情》)

图 10-33　石材踏面、木扶手、玻璃栏板楼梯(引自《设计流－会所空间》)

10-34　朗香教堂型钢扶手钢制楼梯

图 10-35　石材装饰栏板，内凹形成的扶手。卢浮宫

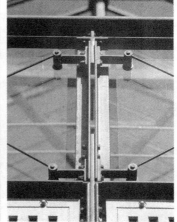

图 10-36　玻璃栏板挂件　　　　　　　　图 10-37　玻璃栏板挂件、钢制扶手(引自《当代世界建筑经典精选09 彼得·埃森曼

图 10-38　北京饭店无障碍坡道，金属扶手

思考与练习

资料调查

查阅规范，了解螺旋楼梯的设计要求。

现场实习

在身边的建筑中，寻找5种不同样式的楼梯，分析其构造方式，体会其空间、造型的特点。想一想有何不足可以改进。

制作设计

按比例设计制作一个楼梯模型。

第十一讲　顶　棚

基本知识：顶棚的形式

一、顶棚的形式：

按施工方式分，有直接式顶棚和吊式顶棚两种。

1. 直接式顶棚：一般指的是暴露结构和设备主体，只进行简单的表面涂刷，以保护结构和设备、改变界面质感和色彩。这种顶棚多半可以向人们展现优美的屋顶结构。

直接式顶棚通常又可分为以下两类：

第一类是直接暴露结构，而屋顶又没有设备管线穿过的直接式顶棚。

图11-9、11-10、11-11显示了三种不同风格的教堂顶棚的直接装饰效果。

图 11-1　暴露了木结构网架屋顶的直接式顶棚(引自《亚洲设计08　运动娱乐空间》)

图 11-2　作为半室内空间的开敞式通廊上部的暴露木结构屋顶的直接式顶棚。鲁昂贞德教堂

图 11-3　展现钢架屋顶结构的直接式顶棚(引自《detail》2004-1)

图 11-4　在砖石或混凝土结构的棚顶上，我们可以直接的暴露技术精美的结构体。卢浮宫

图 11-5 在砖石或混凝土结构的棚顶上，我们可以直接暴露技术精美的结构体。卢浮宫

图 11-6 巴黎奥塞博物馆

图 11-7 图6、7在砖石或混凝土结构的棚顶上，也可以在其表面喷刷装饰面层，比如油漆或涂料、甚至是屋顶彩绘等。档次较高的，可以进行各种程度的精美雕饰

11-8 用陶瓷片装饰过的直接式顶棚。巴塞罗那 Park Guell 公园

图 11-9 中世纪哥特教堂中由束柱支撑肋架券，肋架券为顶棚的主要结构。鲁昂圣母大教堂

图 11-10 由拱券支撑穹顶，在拱券、穹顶以及帆拱上进行了丰富的装饰，烘托整个建筑华丽的气氛。里昂福维埃教堂

图 11-12 展厅的暴露管线的直接式顶棚
巴黎蓬皮杜中心

图 11-11 巴塞罗那圣家族教堂，门廊顶棚特殊的形态，反映了建筑师非凡的想像力

图 11-13 展厅中暴露管线的直接式顶棚
巴黎蓬皮杜中心

　　第二类是暴露设备管线的直接式顶棚。现代建筑中会有很多设备管线从棚顶穿过，利用管线进行个性化的装饰，是工业化空间和高技派们惯用的"伎俩"。

　　2. 吊式顶棚：是将建筑原有结构和设备管线进行遮蔽的室内装饰方式。是现代顶棚装饰常用的方式，它的特点就是可以产生千变万化的顶棚形式。

　　吊式顶棚的外观形式一般可以分为：平式、复式、浮式、格栅式、发光顶棚等。但在实际应用过程中更多的是几种吊顶形式的综合应用。

　　（1）平式吊顶：所谓平式是指整个顶棚是一个平面，没有额外的高程变化。平式吊顶可以看作为复式吊顶等吊顶形式的基本组成单元。

　　平式吊顶的吊顶平面上，通常会布置灯具、空调通风口或设备检修口等

　　（2）格栅吊顶：格栅吊顶在内部构造上与平式吊顶极为相似，可以理解为只是将面层换为格栅，因此通过格栅我们可以隐约地看到吊顶内部的结构和设备管线。需要特别注意的是吊顶边缘的处理。格栅通常有木制的和金属的两类，可以是方格形的，也可以是条形的。

图 11-14 平式吊顶。卢浮宫

图 11-15 在平式吊顶面上可以进行一定的线脚装饰。柏林犹太纪念馆

图 11-16 方格状黑色金属格栅吊顶

图 11-17 方格状白色金属格栅吊顶(引自《商业空间》)

(3) 复式吊顶：复式吊顶是相对于平式吊顶而言的。复式吊顶在棚面内有高差起伏、形式或材质的变化。在现实中我们最常用到的就是这种吊顶形式。

复式吊顶的具体形式根据设计要求可以千变万化，不胜枚举。这里简单举几个例子供大家理解。

复式吊顶中有一些模仿结构形态，是一种伪饰的"直接式吊顶"。

图 11-18 条形木格栅吊顶(引自《设计流03会所空间》)

图 11-19　条形金属格栅吊顶(引自《亚洲设计04
办公空间》)

图 11-20　方格状木格栅吊顶(引自《酒店空间》)

图 11-21　平顶与直接式顶棚结合的复式吊顶
巴黎蓬皮杜中心

图 11-22　复式顶棚(引自《酒店空间》)

图 11-23　复式顶棚(引自《广州五星级酒店》)

图 11-24 复式顶棚(引自《北京五星级酒店》)

图 11-27 复式顶棚 极具现代的工业化感觉
(引自《亚洲设计07美容医疗空间》)

图 11-25 复式顶棚(引自《亚洲设计07美容医
疗空间》)

图 11-28 复式顶棚(引自《亚洲设计09展示文
化空间》)

图 11-26 复式顶棚(引自《复式风情》)

图 11-29 模仿结构形态的复式顶棚(引自《酒店空间》)

图 11-30　模仿结构形态的复式顶棚(引自《亚洲设计 08 运动娱乐空间》)

图 11-31　模仿结构形态的复式顶棚(引自《亚洲设计 05 餐饮空间》)

图 11-32　仿天光的发光顶棚

（4）发光顶棚：发光吊顶实际上是一种模仿采光屋顶的做法，是一种吊顶与照明结合的方式。在一定的范围内，发光顶棚可以产生相对较为均匀的照明效果，给人更加贴近自然的感觉。

发光顶棚的一般做法就是用透明或半透明的材料（如玻璃、有机玻璃或 PC 板等）作为吊顶的面层，并在吊顶内安装光源，通过一定的反射、折射和漫射，在室内产生较均匀的人工照明。

发光顶棚可以是整个棚面，也可以是局部的。可以与周围吊顶在同一平面，也可以如复式吊顶般丰富造型。

图 11-33　复式的发光顶棚(引自《酒店空间》)

图 11-34　平面的发光顶棚。法兰克福现代艺术馆

123

图 11-35　复式的发光顶棚(引自《亚洲设计09展示文化空间》)

图 11-36　平面的发光顶棚(引自《亚洲设计01商业空间》)

图 11-37　复式的发光顶棚(引自《设计流03会所空间》)

图 11-38　带状发光顶棚。柏林犹太纪念馆

图 11-39　复式的发光顶棚(引自《亚洲设计07美容医疗空间》)

图 11-40　由彩绘玻璃做成的局部发光顶棚(引自《亚洲设计05餐饮空间》)

　　(5) 浮式吊顶：浮式吊顶是近年发展较快的一种吊顶形式，其名称是因其独特的形态特征而来的。这种吊顶的主要特征是它的某些部分似乎悬浮在空中，给人一种轻灵、自由的动感。

图 11-41 浮式吊顶(引自《商业空间》)

图 11-42 结合光源照明的浮式吊顶(引自《商业空间》)

图 11-43 结合光源照明的浮式吊顶(引自《亚洲
设计07美容医疗空间》)

图 11-44 大面积的浮式吊顶(引自《亚洲设计09
展示文化空间》)

图 11-45 充满未来幻想的浮式吊顶(引自《亚洲
设计07美容医疗空间》)

图 11-46 浮式吊顶(引自《设计流03会所空间》)

图 11-47　浮式吊顶(引自《广州五星级酒店》)

　　前面提到的各种形式的吊顶，无论是面板还是龙骨采用的都是硬质材料，现在要介绍的软吊顶是相对而言的，采用的主要是纺织物和一些可变形的有机材料。这些材料轻柔而且富于变形，可以灵活地产生丰富的吊顶效果。这里我们简单的将这类吊顶分为织物吊顶和"植物"吊顶两类。

　　(6) 软吊顶——织物吊顶

图 11-48　织物吊顶(引自《商业空间》)　　　　图 11-49　织物吊顶(引自《复式风情》)

图 11—50 织物吊顶(引自《设计流03会所空间》)

图 11—51 织物吊顶(引自《复式风情》)

图 11—53 在此餐厅中，织物吊顶以波浪的流畅
曲线形态，配合灯光的布置，营造出温馨的空间感
受(引自《酒店空间》)

图 11—52 居室当中使用织物进行吊顶，可以创
造出舒缓的感受

图 11—54 织物吊顶可以方便地更换，色彩和形
态的变化能够适应不同活动的氛围需要(引自《设
计流03会所空间》)

127

图 11-55 芦苇编制的软吊顶(引自《中式茶楼》)

(7) 软吊顶——"植物"吊顶

这里的"植物"一词有双重的含义:第一是这种吊顶采用的材料多是天然植物的茎、叶,如芦苇、竹子等;第二种是吊顶在形态上模仿自然生长的植物,可以仿造出更加接近自然状态下的室内空间。

图 11-56 竹制的软吊顶(引自《亚洲设计 07 美容医疗空间》)

图 11-57 仿藤架植物的软吊顶(引自《亚洲设计09 展示文化空间》)

图 11-58 仿藤架植物的软吊顶(引自《中式茶楼》)

图 11-59 仿藤架植物的软吊顶(引自《中式茶楼》)

3. 吊顶按面层材料的不同分：油漆涂料类顶棚、板材吊顶、金属
吊顶等。

图 11-60 彩绘平顶棚(引自《酒店空间》)

图 11-61 金属板材吊顶(引自《亚洲设计08运
动娱乐空间》)

图 11-62 金属板材吊顶(引自《亚洲设计07美
容医疗空间》)

二、顶棚的设计

顶棚的设计一般要注意与平面布置和墙面
设计的协调，解决顶棚上方设备、器具的配合
和隐蔽问题（如照明、空调风口）。

基本做法：顶棚的装饰做法

一、直接式顶棚的装修构造

面材：喷涂、涂刷各种涂料。

二、吊式顶棚的装修构造

基本构成：吊筋、搁栅、面层

（一）板条、钢板网抹灰粉刷顶棚：

主龙骨中距不大于1500，次龙骨中距
400，板条尺寸10mm×30mm，间距8～10mm。
钢板网抹灰是龙骨下加一道 ϕ6 钢筋网再抹
灰。

图 11-63 涂刷类的直接式顶棚。巴塞罗那博览
会德国馆

129

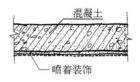
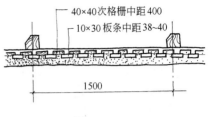

图 11-64 直接式顶棚的饰面构造

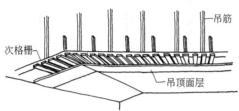

图 11-65 吊式顶棚的基本构造组成

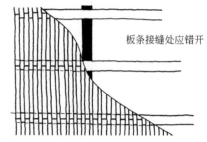

图 11-66 板条抹灰（低标准室内装修）吊式顶棚的构造

（二）板材顶棚

常用板材有：吸声板、刨花板、胶合板、水泥、石膏板等；防火要求较高时，宜用金属龙骨和金属板等防火板材；板材与龙骨连接方式：钉、粘、吊、卡等。

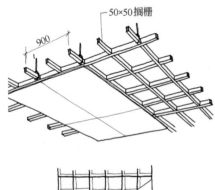

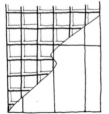

图 11-67 板材钉在木龙骨上的吊式顶棚

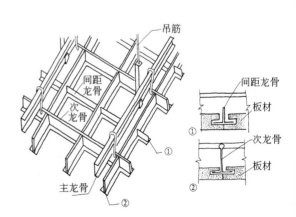

图 11-68 板材卡在金属龙骨上的吊式板材顶棚

130

通用构造基础

图 11—69　金属吊式顶棚

图 11—70　平面的吊式顶棚　德雷斯顿街头

思考与练习

现场实习

顶棚上的构造通常看不到，但也不像墙体基础等建筑构造只有在施工过程中见到，找机会了解顶棚上的构造。

制作设计

使用织物材料，设计制作一处顶棚，注意研究材料的连接和固定方法。

第十二讲　玻　璃　工　程

玻璃的出现与应用可追溯到古波斯时期,到16世纪以后开始向全世界传播,1851年英国的水晶宫(世界工商业博览会展馆)被认为是玻璃幕墙应用的开端和玻璃工业巅峰时期到来的标志。大量的使用玻璃已经成为现代建筑的重要标志,当今玻璃的应用已经极为广泛。

基本概念：玻璃的种类

玻璃是以石英砂、纯碱、石灰石等主要材料与某些辅助材料经1500~1600°C的高温熔融、成型并经骤冷而形成的透明固体,主要是作为可采光的围护材料。随着技术的不断进步,应用于建筑、装饰的玻璃种类越来越多,还可具有控制光线、调节热量、节约能源、控制噪声以及降低建筑结构自重的作用。

建筑中常用的玻璃有:

1. 平板玻璃:主要指的是普通玻璃和浮法玻璃,以及它们经深加工而成的磨光玻璃、磨砂玻璃等。其中浮法玻璃表面更为平整光洁,现在应用极为广泛。

2. 压花玻璃:采用连续压延法生产,表面有深浅不同的多种花纹图案,光线经压花玻璃的折射,产生漫射,因此具有透光不透像的特点,具有独特的装饰效果。

3. 夹层玻璃:玻璃之间夹PVB薄膜,经热压粘结而成;有遮阳夹层玻璃、防弹夹层玻璃、防紫外线夹层玻璃等,用于高层建筑、银行、橱窗等。

4. 夹丝玻璃:又称防火玻璃、防碎玻璃;玻璃中加入钢丝或钢丝网。

5. 钢化玻璃:又称安全玻璃,是平板玻璃经冷淬处理而成,强度提高,不宜再做打孔、磨光等深加工处理,破碎时裂成圆钝的小碎片,不致伤人。

6. 中空玻璃:几层玻璃间夹有空气或惰性气体,周边密封,具有保温、隔热、隔声等性能。

7. 曲面玻璃:两次压制成型,第一次压成夹丝玻璃,当玻璃尚处于可塑状态时,第二次再由曲面辊模具压成曲面。

8. 热反射玻璃:又称镜面玻璃,单反玻璃。普通玻璃表面覆一层

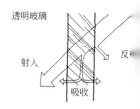

透明玻璃

射入　　反
　　吸收

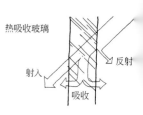

热吸收玻璃

射入　　反射
　　吸收

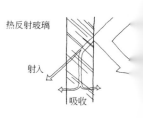

热反射玻璃

射入
　　吸收

图 12-1　不同的玻璃对于着不同的效应,我们可以利择它们的这一特性

有反射热光线性能的金属氧化膜。

9. 吸热玻璃：在透明玻璃中加入极微量的金属氧化物，其颜色随金属氧化物而变化，常见的有古铜色、蓝绿色、蓝灰色、浅蓝色、浅灰色、金色等。该玻璃一般可吸收50%左右的太阳辐射能，如太阳镜。

基本做法：玻璃工程

玻璃在现代建筑、装饰及室外工程中的应用极为广泛，我们在这里先主要介绍：玻璃砖墙、全玻璃无框门、玻璃幕墙。

一、玻璃砖墙

玻璃砖是由两块分开压制的玻璃在高温下封接加工而成，具有优良的隔声、耐磨、透光（有限透像）、防火、装饰性等特点，可用于墙体饰面或独立的隔断墙体。

（一）空心玻璃砖墙的基本构造

图 12-2 玻璃砖墙面的朦胧的透光效果，很早就被人们利用了，北京亚运新家园住宅入口处使用玻璃砖，很好地营造了一个半私密半公共的空间，以适应功能和行为的需要(引自《北京国际风格楼盘》)

图 12-3 不同色彩的玻璃砖配合使用，作为隔断墙的一种做法(引自《复式风情》)

1．砌筑做法：用1:1白水泥石英砂浆，并用钢筋加固砌筑。

2．胶筑做法：用大力胶粘结砌筑成墙面。

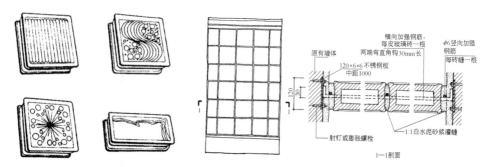

图 12-4 玻璃砖的一些常见形态，其实，他可以有更多的形态变化

图 12-5 玻璃砖墙的立面分格形态与玻璃砖墙的剖面构造细节

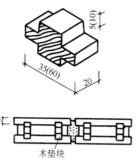

图 12-6 玻璃砖组砌成墙体时，要利用一些垫块使其墙面平整、灰缝平直

图 12-7 以玻璃砖作为踏步的踢面，并在砖的后面安装发光体、形成发光踏步的效果(引自《商业空间》)

图 12-8 玻璃砖不及可以用来砌筑墙体，我们也可以把它用在地面上，或者其他什么地方。罗马街头

（二）技术要求

注意墙面的稳定性，可在玻璃砖的凹槽中加通长的钢筋或扁钢，并将钢筋同隔墙周围的墙柱连接起来形成网格，再嵌入白水泥或玻璃胶进行粘连，以确保墙面的牢固。为保证墙面的平整性和砌筑的方便，在玻璃砖间夹木垫块，然后砌筑玻璃砖。玻璃砖的间距为5～10mm。

（三）扩展应用

将玻璃砖用于台阶或地面，在砖下部打灯光，可作为一种独特的发光地面。

图 12-9 玻璃无框平开门的构造要点就是玻璃门扇与门铰的连接，解决了这个问题，玻璃无框门和其他平开门的技术区别就不大了。其特点就是通透明亮，但要注意的是，在视线高度的范围内一定要设置醒目的提示标志，以便防止人们撞倒门玻璃（引自《商业空间》）

图 12-10 玻璃无框推拉门，其关键在于导轨与导轮的设置，门扇可以是平面的，也可以是弧面的

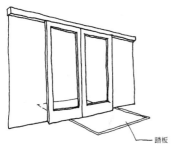

图 12-11 自动开启式玻璃无框门，常见的感应器有红外线电子感应器和踏板式感应器两种

二、全玻璃无框门

门扇为无框的厚12mm以上的浮法或钢化玻璃板，利用金属的铰链、手柄的附件，形成简洁、通透、明快的效果。

（一）全玻璃无框门的种类（按开启方式分）

1. 手推门：采用门顶枢轴和地弹簧，人工开启。

2. 电动门：安装自动开启装置和感应装置，自动开启；感应器又主要有红外线电子感应器和踏板式感应器两种。

（二）全玻璃无框门的构造

门扇常用规格为（800~1100）mm × 2100 mm。门铰的固定方法：一种是上部有横梁的，将门铰固定在门扇上部的横梁上；另一种是利用玻璃门夹将门扇同旁边的玻璃隔断直接连接；还有就是将门铰固定在两边的独立门梃上等等。

图 12-12 玻璃无框门的门轴可以有很多方式，只要符合玻璃连接的基本技术要求，我们都可以尝试

三、玻璃幕墙

（一）玻璃幕墙的材料组成与技术要求

1. 材料组成：

（1）骨架材料：型材骨架；紧固件与连接件。

（2）封闭材料：填充材料；密封固定材料；防水密封材料。

（3）玻璃材料：主要有热反射玻璃、吸热玻璃、中空双层玻璃、夹丝玻璃、钢化玻璃等。通常将前三种称为节能玻璃，将后两种称为安全玻璃。

2. 技术要求：玻璃幕墙应考虑并尽量满足下列基本要求：自身强度；风压变形；雨水渗漏；空气渗透性能；保温隔热；隔声；平面内变形；耐撞击；防火；防雷；幕墙保养与维修。

（二）框架结构体系玻璃幕墙

1. 框架采用的结构材料分为：型钢框架、铝合金框架。

2. 框架的布置方式可分为：

（1）竖框式：竖框主要受力、外露，竖框间镶嵌窗框、玻璃，立面形式为竖线条的装饰效果。

图 12-13　竖框式框架结构玻璃幕墙

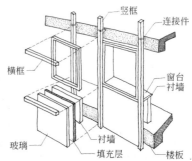

图 12-14　框架结构玻璃幕墙的基本构成单元

（2）横框式：横框主要受力、外露，窗
与窗下墙是水平连续的，立面形式为横线
条的装饰效果。

图 12-16　横框式框架结构玻璃幕墙

图 12-15　横框式框架结构玻璃幕墙

图 12-18　框格式框架结构玻璃幕墙。巴黎国家
图书馆

图 12-17　框格式框架结构玻璃幕墙

图 12-19　隐框式框架结构玻璃幕墙

（3）框格式：竖框、横框全部外露，形成格子状。

3. 根据框架的视觉效果可分为：

（1）显框框架结构体系：金属框架作为装饰元素，暴露于立面。（图12-15～图12-18既是）

（2）隐蔽框架结构体系：以特定的方式和构件将金属框格全部或部分隐藏于幕墙内，立面上只能见到玻璃分隔线，而看不到金属框架，有近似整片镜面的感觉。

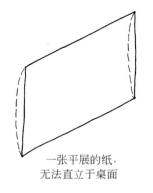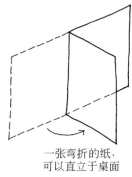

一张平展的纸，无法直立于桌面

一张弯折的纸，可以直立于桌面

图12-20　加肋全玻璃幕墙的工作原理

（三）无框架结构体系玻璃幕墙

无框玻璃幕墙是指幕墙玻璃四周不用金属框架包裹，形成较大面积的无遮挡透明墙面。

1. 加肋全玻璃幕墙：这类玻璃幕墙的玻璃又宽又高，每块玻璃最宽可达3m，高度常见的也有3～7m，重量以吨计。这样的玻璃，立起来不压自弯。为增加玻璃在自重和风压作用下的抗弯能力，在玻璃的接缝处增设与幕墙面垂直的"肋玻璃"。道理和一张折过的纸可以立在桌面上是一样的。

面玻璃与肋玻璃的交接处理一般有3种方法：

（1）双肋玻璃幕墙；

（2）单肋玻璃幕墙；

（3）通肋玻璃幕墙。

图12-21　单肋玻璃幕墙，这波浪起伏的弧线造型，看起来很美妙，做起来也很简单

图12-22　这个单肋玻璃幕墙的与众不同之处在于：采用了部分的金属连接件将肋玻璃和面玻璃连接在了一起（引自 www.abbs.com.cn）

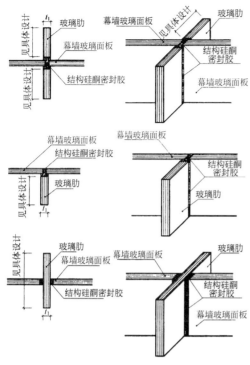

图 12-23 加肋全玻璃幕墙中的肋玻璃与面玻璃的构造关系

图 12-24 通肋玻璃幕墙。玻璃与钢的配合使用成为现代乃至当代建筑的风格，该建筑以玻璃和木材相结合，形成了独特的休闲气氛(引自《亚洲设计08运动娱乐空间》)

图 12-25 吊挂式玻璃幕墙 可以说是最为通透的一种玻璃幕墙，其构造要点就是上部的吊挂件和下部的固定连接件(引自《亚洲设计07美容医疗空间》)

2. 吊挂式全玻璃幕墙：一反传统的由下部基座承重的方式，吊挂式玻璃幕墙将整片玻璃利用专门的吊挂件吊挂在结构梁下，这样做能使玻璃本身自然下垂，而不弯曲。在风力作用下，可以有小幅度的自由摆动，避免了用力集中，有效地增加了玻璃幕墙的抗压强度。

吊挂式全玻璃幕墙在外形上与加肋全玻璃幕墙极为相似。

这种幕墙可以采用：(1)无框架吊挂做法；(2)肋玻璃支撑吊挂做法；(3)不锈钢竖框吊挂做法；(4)滑轮支撑做法。

3. 点挂式玻璃幕墙：这是一种较新式的玻璃幕墙，它是由不锈钢索杆和爪形扣件组成的一整套支架结构，构成横、竖、侧3个方向都稳定的开阔、明朗、简洁、通透的整片玻璃幕墙。金属杆件纵横交错，与明亮的玻璃形成鲜明的对比，是真正的技术与艺术的完美结合。

点挂式玻璃幕墙基本由3部分组成：支撑构架、连接构件、玻璃。

图 12-26　点挂式连接玻璃幕墙的节点示意图(引自www.abbs.com.cn)

图 12-27　点挂式玻璃幕墙中用到的一些金属构件

图 12-28　点挂式玻璃幕墙。那须野原音厅，日本(引自《世界建筑》2.2001)

图 12-30　点挂式的弧形。玻璃幕墙(引《亚洲设计08运动娱乐空间》)

图 12-29　可开启的点挂式玻璃幕墙

图 12-31 北京希尔顿饭店，大堂中庭点挂式玻璃幕墙，其节点构件设计独特，形成了装饰意趣

图 12-32 卢浮宫入口处的玻璃金字塔就是典型的采光玻璃顶，覆盖的是一个方形的平面

图 12-33 采光玻璃顶，覆盖的是一个走道式的狭长空间

扩展知识：采光玻璃顶

以可透光的玻璃材料作为屋顶代替传统的屋顶，我们可以叫它采光玻璃顶。

一、构造要求

1. 出于安全方面的考虑，采光顶的选材应慎重，通常会选用不易破碎或破碎后不易伤人的安全玻璃（夹胶或夹丝玻璃）或有机玻璃等树脂类透明材料。

2. 采光玻璃顶冬季易结霜、结露是一个比较突出的问题，除影响正常的采光效果外，凝结水的滴落尤其恼人。通常的解决办法有3种：

(1) 提高采光顶的保温性能，使其不产生凝结水。

(2) 提高采光顶的内侧表面温度。通过加热的方式（周围加热源或吹热风），使玻璃和其他构件表面温度在结露点之上，防止冷凝水的产生。

(3) 玻璃板保证必要的坡度，可将表面的凝结水引致边缘排水槽排走。

3. 此外，普通屋顶应考虑的问题采光玻璃顶一样要考虑。比如保温（可采用双层中空形式）、防水、防火、防雷等。

二、构造形式

一般来说，采光顶的形式可与普通屋顶的形式相类似，但因为金属结构与玻璃技术的飞跃发展，以及材料自身轻质高强的特点，采光顶的形式已经非常的自由多样。

141

图 12-34 采光玻璃顶，覆盖的是圆形的平面空间

图 12-35 采光玻璃顶，覆盖的是长方形的平面空间

扩展知识：玻璃地面

　　人类不能飞翔，却一直梦想着飞翔。将玻璃作为地面材料，利用玻璃的通透特性，可以使在上面的人产生一种凌空的感觉，近似于梦幻般的飞翔。

图 12-36 真正的上下通透的玻璃地面（引自《亚洲设计 04 办公空间》）

图 12-37 发光玻璃地面(引自《复式风情》)

图 12-38 有一定古旧色彩的发光玻璃地面

图 12-39 下面有植物生长的发光玻璃地面(引自《亚洲设计 09 展示文化空间》)

图 12-40 用作通道的玻璃地面（引自《时代建筑》2003.06）

扩展知识：玻璃工艺的其他扩展应用

玻璃的扩展应用主要体现在两个方面：

1. 将普通玻璃进行进一步的加工，使其产生某些意想不到的效果。如曲面玻璃、镶嵌玻璃、热熔玻璃、着色玻璃、磨光玻璃、刻花玻璃、断纹玻璃、玻璃马赛克、夹层玻璃等。

图 12-41　用作架空走廊围护结构的弧形玻璃，采用的是点挂式玻璃幕墙的结合方式，并且可开启通风

图 12-42　呼应中庭空间而设的弧形玻璃隔断，世纪村会所(引自《设计流03 会所空间》)

图 12-43　经热加工吹塑形成的玻璃球形灯具，梦幻又浪漫

图 12-44　玻璃热加工后可以形成很多意想不到的形态(引自《复式风情》)

图 12-45 天主教堂的彩色镶嵌玻璃窗

图 12-46 天主教堂的彩色镶嵌玻璃窗

图 12-47 断纹玻璃的应用，在此住宅中分隔了
餐厅和起居室，既有房间尺度的分隔效果，又有近
距离的纹理效果(引自《复式风情》)

图 12-48 夹层玻璃。在两层玻璃之间夹入织物、
苇编制品、金属网、热熔碎玻璃等网状半透明制
品，可以形成丰富的肌理效果(引自《建筑细部》
2004年第二期)

2．用玻璃代替某些传统材料的工艺做法：

图 12-49　可以采用具有一定肌理效果的玻璃来
装饰墙面(引自《魅力样板房》)

图 12-50　可以采用具有一定肌理效果的玻璃
来装饰墙面(引自《复式风情》)

图 12-51　玻璃通过一定的连接方式，可以用来
做成酒柜等状效果极强的柜体(引自《商业空间》)

图 12-52　玻璃通过一定的连接方式，也可以用
作展品的陈列平台

145

图 12-53 利用玻璃如玉质般晶莹的特性，制成的轻灵而又现代的信息指示牌。柏林 Sony Center

图 12-54 钢化玻璃的桌面是大家熟悉的一种玻璃应用方式，在玻璃下面打上灯光，可以形成发光桌面

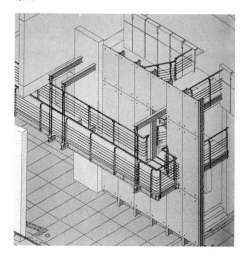

图 12-56 用磨砂玻璃形成的透光不透像的玻璃隔墙的结构示意图(引自《时代建筑》2003.06)

图 12-55 国华置业公司办公楼，钢龙骨磨砂玻璃隔墙，内部形成楼梯间，外临二层走廊(引自《时代建筑》2003.06)

图 12-57 作为空间界定的玻璃隔断，在海边带有淡淡蓝色的玻璃隔断，为不同座椅提供了些许私密性，同时又不破坏海边广阔的视线。巴塞罗那海滨

图 12-58　在站台上条状磨砂的玻璃隔断，既界定了休息等候空间，又能满足乘客等待瞭望的需要。莱比锡火车站

图 12-59　用作楼梯栏板的玻璃。这种栏板视觉上比栏杆还通透，功能上却有着栏板的封闭能力（引自《复式风情》）

图 12-60　用作栏板的玻璃。这种栏板视觉上比栏杆还通透，功能上却有着栏板的封闭能力

思考与练习

资料调查

了解两个厂家玻璃幕墙产品的规格、特点及安装工艺。

现场实习

在身边的建筑中，找到3种玻璃幕墙的做法，仔细观察每种构造做法所使用的配件，所创造的建筑形象及空间感受。

制作设计

使用不同的玻璃产品，设计一个报刊亭，并绘制两个节点图。

下篇　室外景观构造知识

室外景观工程的界定范围是建筑体量以外的、人们活动范围之内的人造景观。从形态、范围等角度可将景观划分为：居住区景观、城市广场景观、街路景观、工业景观、园林景观等。每种景观都有其独有的特质，但它们又都是由一些共同的基本元素构成的。总结起来这些基本构成元素主要有以下几个方面：地面、高差处理、墙体、空间划分设施、水体、服务设施、植栽、艺术小品、建筑物等。

第十三讲　室外地面铺装（一）

基本知识：地面工程概述

地面是水平界面，是室外环境工程最基本的构成元素之一，它包括水平地面构造和地面高差处理两个基本方面。

一、地面的基本构造层

1. 面层：直接与人接触的部分，通常可分为：整体面层、块料面层、碎料面层等。

2. 结合层：面层与下一层的连接层，保证二者连接紧密。

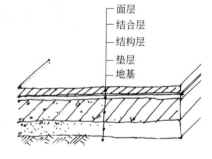

面层
结合层
结构层
垫层
地基

图 13-1　地面的基本构造层次

干硬性混凝土
面层
树坑边石
结合层（干硬性混凝土）
结构层

图 13-2　硬质地面的施工现场及各部分构造部位名称

图 13-3　施工过程中的碎石垫层

通用构造基础

148

3. 结构层：承受荷载，并将荷载传递给垫层和地基。

4. 垫层：起传递荷载的作用，分刚性垫层（整体性好，如混凝土）和非刚性垫层（可以产生变形，采用松散材料，如砂石、碎石、卵石）两类。

5. 地基：垫层下的基土层，要求坚固、密实，一般做法是素土夯实，特殊情况下可以采用换土等地基处理方法。

二、室外地面的分类

1. 软地面：增强草地、砂地面、粗砾等。

2. 柔性地面：卵石、花岗岩方石、砖和砌块等。

3. 蜂窝状地面：蜂窝状嵌草砖、塑料网格、金属连锁块等。

4. 硬地面（基层是混凝土）：现浇混凝土面层地面、沥青地面、花砖石板地面等。

5. 木地面：方木地面、原木地面、木砖地面、木板地面等。

三、硬地面的基本技术要求

1. 现浇混凝土的强度等级：结构层不小于C10，面层不小于C25。

2. 现浇混凝土结构层厚度：5吨荷载（小汽车）120mm；8吨荷载（卡车）180mm；13吨荷载（大客车、大货车）220mm。

3. 路面纵横向缩缝间距应不大于6m，横向每四格缩缝设伸缩缝一道，路宽大于8m时，在路面中间设伸缩缝一道。

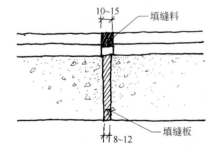

图 13-4　混凝土结构层的伸缩缝(有面层)

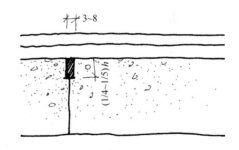

图 13-5　混凝土结构层的缩缝(有面层)

4. 路面横向坡度（也叫路拱坡度）：混凝土路面1%～1.5%，沥青路面1.5%～2.0%。

基本做法：软地面和柔性地面

一、软地面

软地面指的是这样的一种人造地面，它既保持了构成地面的柔软材质的大部分自然属性，又可供人们在其上进行一定的活动。

（一）增强草皮

景观设施中最软的地面应该是草地了，但是如果有大量行人或车辆通过的话，一般的草地是无法承受的。因此，设计人员就想出了用"增强草地基层"的做法来维持地面自身绿化的办法。

增强草皮一般的做法有：

1. 在播种草籽以前，在地面顶部表层碾压一层小卵石或砾石。这种草地可以作为一般人行通道。

2. 先做100～150mm厚的压实石填料层，上面铺置75～100mm厚的压实砾石和土的混合物，然后再撒上草籽，这种草地可以满足承载一定车辆通行的要求。

3. 先在土地上铺设镀锌链锁或塑料网格，上面有一层75～100mm厚的压实砾石和土的混合物，再撒上种子。或者在"2"的基础上，在其顶层再铺设一层镀锌链锁或塑料网格，既能增强草地，又可防止车轮打滑（注：为保证效果及防止损坏，最好是播种草籽而不是铺上草皮）。

增强草皮的应用：公园小道、增强普通道路的路边或路肩处的草地，季节性使用或使用频率不高的停车场等。

增强草皮的局限：由于草皮的自然特性，虽然采用了增强措施，但是仍然无法绝对避免草地的损坏。因此，行人或车辆通行频率高的路面不适宜应用此类方式，同时应该强化管理。另外，由于此类地面对地表压力的扩散能力较差（导致土壤局部压实），因此对周围现有树木的生长不利，有导致停车场周围树木死亡的可能性。而硬质地面不会发生此类状况的原因就是硬质地面能将自身所承受的荷载分散开。

（二）沙地面

沙，是铺设儿童游乐场的理想材料，但施工时要妥善处理，并要提供有效的排水措施。这里所说的沙是指天然状态的"软沙"，并要洗掉黏土、污物等杂质。

沙坑的一般做法是：

图 13—6　用在居住小区中的增强草皮地面

图 13—7　沙地面的儿童游戏场

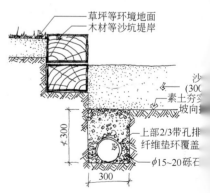

图 13—8　嬉戏沙坑剖面及排水构造

通用构造基础

在夯实的地基层上设隔离层，上面铺沙。天然地基必须压实，并做成斜坡（排水坡），从游乐场地坡向盲沟。"盲沟"是用卵石填满的排水沟，不是可能被堵塞的常用排水系统；隔离层可以是覆盖在150mm厚的松铺砾石和填砂垫层上的塑料网格或结实的多孔板；表面铺砂层的厚度一般为300~450mm。

（三）粗砾地面

粗砾是最便宜、最方便、最快捷的铺设材料之一。

粗砾一般分两种：天然的圆砾石和被称为"豆砾石"的细碎石，在考虑儿童安全的地方多用天然的圆砾石。

图 13-9　粗砾地面。豆砾石

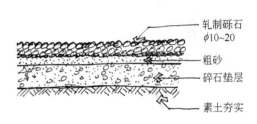

图 13-10　粗砾地面的剖面构造

粗砾的应用：1.可使施工中的建筑工地变得整洁。之后还可以再利用它制成混凝土。2.在建筑物外墙周围铺设，可以防止雨水淋溅到墙上。3.当某处植物被损坏而暴露干燥的土壤时，可以利用粗砾起到防尘作用。4.当某处刚做好的铺面看上去不恰当时，可用粗砾来迅速补救。5.在园林中与花盆、石板等组合铺设，可以得到丰富的效果。6.在日本的"枯山水"中常用这种砾石做成图案来象征波浪和水的倒影等等。

151

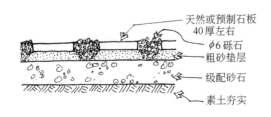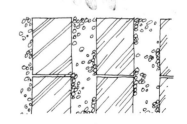

图 13-11　粗砾与板材联合铺装构造

图 13-12 粗砾与板材联合铺装的地面

图 13-13 "枯山水"景观中的粗砾应用（引自《International LANDSCAPE DESIGN》）

二、柔性地面

柔性地面是粗糙不平，但又能承受一定的变形而不会破坏的地面。柔性地面要求比沥青、混凝土地面有更大的坡度（建议最小坡度为1/40）。

所谓地面的柔性是指地面具有一定的弹性和非弹性的变形能力，在一定的变形范围内，地面不会被破坏，也不会影响正常使用。

柔性地面其柔性的实现与地面的基层和面层有关。砂和碎石填料基层会改善地面的柔性。

常见的柔性地面面材有卵石、花岗岩方石、砖和砌块等。

（一）卵石地面

以一定粒径的卵石作为地面材料，较早的例子是中国的一些园林中带图案的卵石地面。卵石地面一度被认为是一种障碍性地面，不利于人的行走和车辆的行驶。但现在好多地方将其作为"健康步道"进行铺设，原因是其凸凹不平的表面对足底有一定的按摩作用，有益健康。

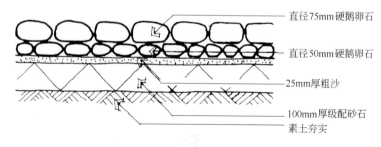

直径75mm硬鹅卵石

直径50mm硬鹅卵石

25mm厚粗沙

100mm厚级配砂石
素土夯实

图 13-14 柔性卵石地面的剖面构造

图 13-15 卵石多与木材、增强草皮等较天然的
介质共同形成步行道

图 13-16 卵石地面也可以成为硬质通道与软质
地面的过渡。巴黎拉维莱特公园

图 13-17 在中国园林（特别是江南传统园林）
中，经过拼饰处理的卵石地面应用十分广泛

图 13-18 卵石也可以像粗砾一样与石板等板材
组合形成通道

图 13-19 卵石也经常会被用来形成"枯山水"
景观(引自《International LANDSCAPE DESIGN》)

153

柔性卵石地面的铺设方法是用木槌将卵石击入砾石基体中，或挤入细骨料混凝土中。铺设时需用石填料做基层。卵石、基层、石填料总的厚度为200~300mm。

有混凝土的卵石地面有时会产生裂缝，但是这些裂缝会被卵石产生的纹饰所掩蔽。

卵石地面会有一些问题：例如一些成长中的孩子抠下上面的卵石相互投掷着玩，可能成为不安全的因素。

（二）方石地面

方石地面也叫料石地面，包括大料石、小料石地面。方石在铺砌技术上和卵石有许多相似之处，例如它们都可以排列成复杂的图案，对人都有极强的亲和力。

大块方石

150mm立方体

100mm立方体

50mm立方体

图13-20　方石常见的形状与尺寸，根据需要还可以制成其他多种形状和尺寸

图13-21　方石在异形平面的地面铺装中，优势尤为明显

图13-22　稍加处理，方石的缝隙中就会有生机显现

方石在铺砌后立即要灌以砂和水泥的干拌合物，再浇上水。这里要强调的是，要避免在石块间用水泥砂浆做成嵌缝或灌浆带，为的是保持方石的色调和质地。

方石有着很高的二次利用价值。用过的方石由于表面的肌理变化，再利用可以形成很特殊的效果。

选材：方石地面必须选用具有耐磨和防冻性能的石材。火成岩石一类的花岗石最为适用，相比之下玄武岩类的岩石就难以加工。像石灰岩石或砂岩石这类石块虽然易于加工，但是在重载下耐久性差。

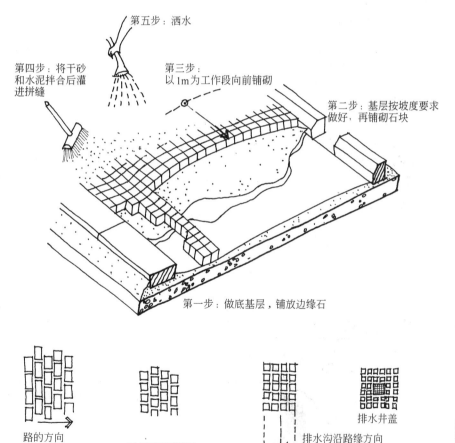

第五步：洒水

第四步：将干砂和水泥拌合后灌进拼缝

第三步：以1m为工作段向前铺砌

第二步：基层按坡度要求做好，再铺砌石块

第一步：做底基层，铺放边缘石

路的方向错缝铺砌

不规则砌缝铺法

排水井盖

排水沟沿路缘方向

图 13-23 方石的铺砌工艺

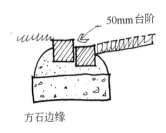

方石边缘

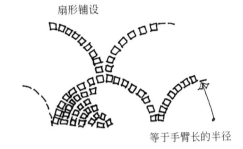

扇形铺设

等于手臂长的半径

图 13-25 扇形罗马式铺设方式

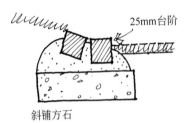

斜铺方石

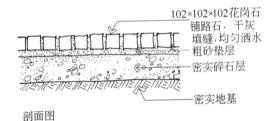

102×102×102花岗石铺路石，干灰填缝,均匀洒水
粗砂垫层
密实碎石层
密实地基

剖面图

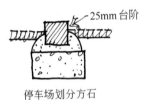

停车场划分方石

图 13-24 方石铺地的几种边缘处理

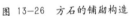

平铺花岗石铺路石   曲线形铺设花岗石铺路石

图 13-26 方石的铺砌构造

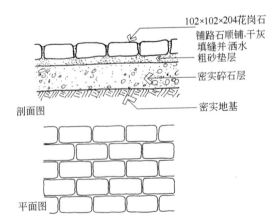

102×102×204花岗石
铺路石顺铺,干灰填缝并洒水
粗砂垫层
密实碎石层
密实地基

剖面图

平面图

图 13-27 方石的铺砌构造

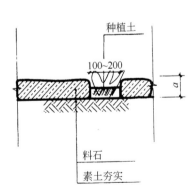

种植土
100~200
料石
素土夯实

图 13-28 方石的植草铺砌构造

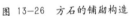

通用构造基础

156

图 13-29 石缝中生长出生机盎然的小草，这
种效果相信会是很多人向往的（引自《International
LANDSCAPE DESIGN》）

图 13-30 加大石块间的缝隙，就可以留给小
草更多的生存空间

图 13-31 造型独特的的砖铺地小广场。巴塞罗
那海滨

图 13-32 现代园林景观中的侧砌砖的铺路效果

（三）砖、砌块地面

砖和砌块这种地面铺装方法是一种建筑
材料的扩展使用的再发展。砖，一般指的是黏
土砖（红砖、青砖）和耐火砖等，而砌块则多
指以混凝土为主要材料制成的复合材料。它可
以有多种形状，多种表面肌理和图案、色彩等。
现在已经有很多种专门用于铺地的烧结砖和混
凝土预制砌块了。

这类材料一般厚度在50mm以上，一
般情况下无需混凝土基层，通常是在夯实
的基土上以河砂做基层。这种铺面形式多
用于人行道、广场以及有小型车辆通行的
车道上。它的优点是施工方便、快捷，易
于维修与更换，而且可以组成自由、丰富
的图案。

砖的表现力非凡，小尺寸黏土砖形成
了荷兰城镇的一道引人入胜的景观，建筑
大师矶崎新也对砖这种材料钟爱有加……

砖有较强的吸附力，因而在湿热的环
境下可能附着有苔藓。针对这一特性，我
们可以适当利用或者加以回避。

157

图 13-33　带有中国传统风格园林中的砖铺地效果(引自《台湾景观作品集》)

图 13-34　中国传统风格的青砖铺地。北京故宫

图 13-35　混凝土预制块铺地

图 13-36　砖和混凝土砌块也可以有多种组砌方式

扩展知识：蜂窝状嵌草砖

这种铺面块材的形状类似混凝土砌块，但是表面有较大的孔洞，铺砌后呈蜂窝状，有利于在其间生长草丛或其他植物。

使用这种铺装的目的是在满足必要的交通要求的前提下，可以尽可能多地增加绿化。国内这种铺装主要用在有环保意识的停车场和车辆的临时交通区。还有就是用这些蜂窝状砌块来保护树木或加强河岸，防止剥蚀。

这种铺装的核心做法是：在混凝土铺块的芯部填土，而底基层要求使用固结的石填料，它既可以帮助排水又能支撑面层。

此外，还可以用一种塑料格栅代替混凝土铺块，具体做法与混凝土铺块相同。

图 13-37 蜂窝状嵌草砖铺地，较理想的青草生长状态

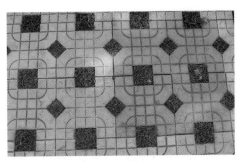

图 13-38 蜂窝状嵌草砖铺地。人流密度过大的地方不宜作此类地面铺装

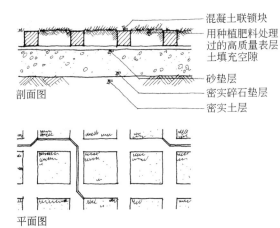

混凝土联锁块
用种植肥料处理过的高质量表层土填充空隙
砂垫层
密实碎石垫层
密实土层
剖面图
平面图

图 13-39 蜂窝状嵌草砖铺地构造

图 13-40 蜂窝状嵌草砖铺地。通过人的行为可以自然形成通道宽度

思考与练习

现场实习

在现实景观环境中，找到本讲所述各种室外地面做法，了解其材料规格和特性，观察并体验其使用效果。

制作设计

不要超过3种材料，设计一个 3m×5m 的地面拼花。

第十四讲　室外地面铺装（二）

基本做法：硬地面做法

硬地面是指有坚实基层的地面形式，面层可以是板材和砖、砌块等块材。"坚实的基层"一般指的是混凝土或经过夯实的材料作为主要承载部分的基层。

常见的硬地面有：现浇混凝土面层地面（包括现浇水磨石地面）、沥青地面、花砖地面、石板地面等。

一般来说，由于温度变化而引起热胀冷缩或荷载分布不均匀等原因，硬地面的基层和面层会因产生裂缝而破坏，所以要在一定的距离范围内设置分隔缝。

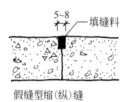 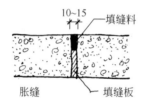 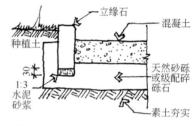

图 14-1　混凝土路的变形缝构造　　　图 14-2　混凝土路的边缘处理

一、现浇混凝土（面层）地面

现浇混凝土（面层）地面是永久性地面中较经济的一种做法。

当有车辆经过时，选用混凝土的强度等级不小于 C30。当无车辆通行时，选用混凝土的强度等级不小于 C20。有的在地表面另作抹面装饰层，但因其施工难度有所提高，而且容易出现"空鼓"等不利现象而不经常采用。

现浇混凝土（面层）地面的做法很多，常见的有：

1. 现浇水磨石地面：是混凝土地面的一种，它是在混凝土垫层表面再做一层厚度为 30～50mm 的水磨石面层。

2. 彩色混凝土地面：是在混凝土中掺入矿物染料制成。

3. 卵石嵌砌地面：也就是在混凝土基础上再铺一层 20mm 以上的 1:3 水泥砂浆，在上面嵌砌卵石，卵石要嵌入砂浆中一半以上，砂浆的厚度一般要大于卵石的粒径。

4. 模纹艺术地面：在混凝土没有硬化之前，若再用各种肌理的模具压印，就又可以形成不同的肌理和花纹（仿石、仿木等）的艺术地面。

由于混凝土的干缩特征和热胀冷缩等特性，大面积的混凝土时间长了会产生裂缝。为防止这种裂缝的产生，混凝土地面每隔4m要做一道伸缩缝。但这种分隔缝也可以有一些变通的做法，如利用砖等块材作为分隔材料，或在台阶处分缝等等，可以掩饰分隔缝在视觉上的不良效果。方法变化无穷，大家可以发挥自己的智慧去创造出更好的形式。

此外，如果在混凝土中加入钢筋网，既可以增加混凝土的抗压强度，又能减少裂缝的产生，提高地面的质量标准。

图 14-3　彩色混凝土路面

图 14-4　混凝土路的组合方式，可以简化、掩饰变形缝

图 14-5　混凝土表面粘结卵石，可以增强路面的耐磨性能，也会比前面提到的卵石软质地面更加坚固美观(引自《台湾景观作品集》)

图 14-6　混凝土地面的表面处理方式十分丰富，本图效果就是混凝土与石板(金属板也可以)结合的铺装效果

二、沥青地面

沥青地面的做法是在基础垫层的表面铺沥青碎石混凝土，再用压路机撵压。这种做法具有经济、施工简单、防水、防滑、一般不用做分隔缝的特点，大量用于北方道路、停车场及标准较低的大面积硬地。

沥青地面一般呈黑色，夏天路面吸收日光较强，路面温度较高，所以大面积使用既不环保也不美观。现在可以在沥青中加入调色剂制成彩色沥青地面，其效果有所改善。

沥青地面是不透水的，但现在出现了透水性沥青地面，大大改善了这种地面的生态性能。

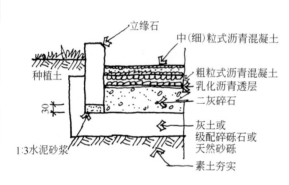

图 14-7 沥青混凝土路的路边构造节点

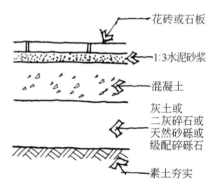

图 14-8 花砖或石板地面铺装的一般构造层次

三、花砖、石板地面

花砖一般是指广场砖和仿瓷地砖（厚度约12~20mm）；石板指各种天然石板及预制水磨石等人造板材，厚度约20~60mm。天然板材包括：大理石板、花岗石板、砂岩板、石灰岩板、沉积岩板。

这类地面一般必须做混凝土结构层。混凝土的强度等级一般不低于C20，厚度根据荷载情况确定。面层板材与混凝土结构层之间用结合层粘结，结合层一般采用30mm厚1:3水泥砂浆。

面层材料接缝处，花砖面层用1:1水泥砂浆勾缝，石板面层用1:2水泥砂浆勾缝或细砂扫缝。一般以4m×4m分隔做缩缝，20m×20m左右做胀缝。

花砖、石板地面是一种较高标准的地坪形式，根据材料的不同，色彩、质感、表面肌理的差异，采用灵活的组砌、拼装方式，可以形成丰富的图案及肌理效果，是现在应用较为广泛的一种地面形式。

图 14-9　天然石板铺地的一大优势就是可以做出丰富、自由的拼装花饰

图 14-10　现在石板地面的应用越来越广泛。法国鲁昂

图 14-11　小型石板面层地面的铺装施工现场

图 14-12　麻石广场砖面层地面的铺装施工现场请注意图片中的白色线条，那就是铺装平直的保证——放线

图 14-13　广场砖与石材拼饰地面。法兰克福动物园入口

扩展知识：木地面做法

　　木材在地面上的应用大家是熟知的，但以往大多局限在室内，原因是原始的木材暴露在室外极易腐坏。但随着防腐技术的不断进步以及人们对环境质量要求的进一步提高，各种木质地面在景观工程中的应用也就越来越广泛了。

木材在景观工程中的应用按材料的切割方式不同分为：原木、方木、木砖和木板条等。方木因其形态与火车轨道下的枕木十分相似，所以我们常用"枕木"来代替"方木"的称呼。

　　木地面按工艺做法不同分为实铺式和架空式两类。

一、方木、原木的一般用法：

1. 与砾石结合形成砾石通道的台阶部分。

2. 用作支撑的挡土构件。

图 14-15　由原木、砾石铺设的台阶式坡道实例

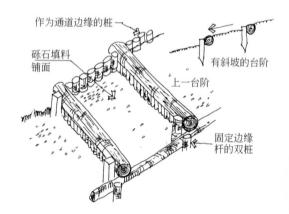

作为通道边缘的桩

砾石填料
铺面

有斜坡的台阶

上一台阶

固定边缘
杆的双桩

图 14-14　由原木、砾石铺设的台阶式坡道工艺

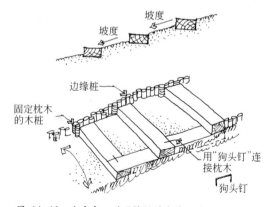

坡度　　坡度

坡度

边缘桩

固定枕木
的木桩

用"狗头钉"连
接枕木

狗头钉

图 14-16　由方木、砾石铺设的台阶

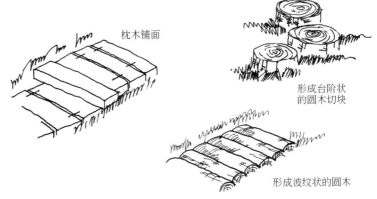

枕木铺面

形成台阶状
的圆木切块

形成波纹状的圆木

图 14—17 大木料在园林通道中的应用

图 14—18 作为台阶、通道的原木做法
（引自《International LANDSCAPE DESIGN》）

图 14—19 方木、砾石台阶与方木挡土墙

图 14—20 方木铺装地面(引自《台湾景观作品集》)

图 14—21 方木架空地面(引自《日本最新景观设计》)

165

二、木砖的一般用法：

如果说方木、原木是更适合作为台阶的踏步面层或架空地面的条状木质材料的话，木砖则是更适合做平铺地面的砖块状材料。木砖的铺装工艺与砖块材料也极为相似，这里就不再赘述。

因为木材可以自由切割，因此木砖的形状与做法也丰富多变。圆木砖的横截面朝上，作为实铺地面的面材可形成有趣的图案。圆木砌块间用300～400mm厚的白砂或小砾石灌实。这种做法主要是出于视觉上的考虑。以方木砖代替砖砌块来做地面，可以形成比黏土砖更有亲和力的地面效果。

图 14-22　实铺木砖板条地面。这种木砖与木条极为相似，只是长度较短（400mm左右）

图 14-23　横截面向上的圆木砖地面，木砖间的缝隙以砂砾填充

图 14-25　横截面向上的方木砖地面。这种地面会给人较坚实且更具亲和力的感受

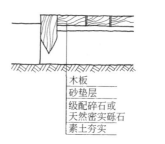

木板
砂垫层
级配碎石或
天然密实砾石
素土夯实

圆木砖
级配碎石或
天然密实砾石
素土夯实

图 14-24　柔性实铺木地面的构造

木砖面层
20厚砂结合层兼找平层
70厚三合土垫层
素土夯实

木砖面层
沥青胶泥
15厚1:2.5水泥砂浆层
素水泥浆
钢筋混凝土楼板

图 14-26　刚性实铺木砖地面构造

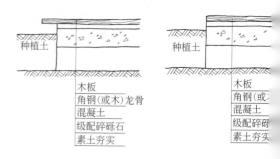

种植土

木板
角钢（或木）龙骨
混凝土
级配碎砾石
素土夯实

种植土

木板
角钢（或木）
混凝土
级配碎砾石
素土夯实

图 14-27　刚性实铺木板地面构造

图 14-28 龙骨架设在混凝土基层上的架空式木板地面

图 14-29 龙骨架设在混凝土基层上的架空式木板地面(引自《日本最新景观设计》)

图 14-30 龙骨架设在混凝土基层上的架空式木板地面。杭州某公园

三、架空式木地面

架空式木地面主要是在龙骨、格栅上铺设木板条,形成的地面。格栅采用的龙骨(型钢、木方)的断面尺寸由计算而定,间距一般为 0.5~1m。

根据基层的不同情况,龙骨可以分别架在梁柱等支撑结构上,也可以架在混凝土基层上。龙骨架在梁柱等支撑结构上的做法可以将地面完全架空,减少地面潮湿、腐蚀等作用的影响,多用在高差变化较大的自然形态园林中的平台及路面以及桥面上。龙骨架在混凝土基层上的做法较前一种能给人更多的稳定感,多适用于地面较平坦的城市景观的平台及路面中。

混凝土基层表面要做成坡度(2%左右)。与混凝土相接的主龙骨要顺着坡向铺设,以利于排水。混凝土要按照前述混凝土地面中的要求做缩缝和胀缝。混凝土的强度等级不低于C20。

梁柱等支撑构架架空格栅的做法中,柱子的理想做法是:将埋在地面以下的部分作防腐处理(如涂沥青防腐涂料)或是将木柱放在混凝土垫座上,柱子与混凝土之间用橡胶、沥青等做成隔离层,或者柱子干脆用混凝土或型钢来做。

这种架空的木地板下,如果是可供植被生长的土地,在设计架空高度及地面铺设时,必须考虑方便清除下面的杂草的可能性。

167

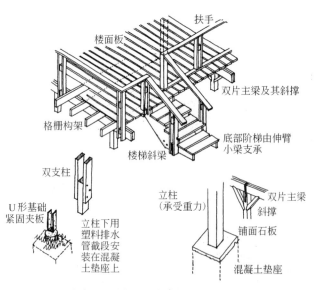

图 14—31 架空木地面的构造工艺举例

图 14-32 龙骨架设在梁、柱支撑结构上的架空式木地面及上部廊架（引自《International LANDSCAPE DESIGN》）

图 14-33 龙骨架设在梁、柱支撑结构上的用做桥式通道的架空式木地面

思考与练习

资料调查

收集资料，了解适于在室外地面铺装的木材产品及其特性。

制作设计

不要超过3种面层材料，设计一个3m×5m的适用于某特定环境的地面拼花。

第十五讲　高　差　处　理

基本知识：地面高差

台阶与坡道是解决不同高程地面间的交通联系的有效方法。

一、台阶的设计要求

一般来说，室外台阶的尺度要比室内楼梯平缓一些。踏步高 (h) 一般在100～150mm，踏步宽 (b) 一般在300～400mm左右。实际尺度可以根据设计意图的需要有所改变。为防止积水，踏步的踏面要向下坡方向有一个1%～3%的坡度，休息平台也要有一个向排水方向的3%左右的坡度。所谓休息平台就是台阶起步之前和结束之后，以及当高差较大时（比如说超过18步的台阶），台阶中间设置的缓冲平台，可供人停步休息，就叫休息平台。平台的宽度要求不小于1m。

一般来说，台阶的步数最少不要做成一步，因为很多人会忽略它的存在而容易摔倒；连续的踏步最多不要超过18步，超过的，中间要做休息平台，否则会造成人的过度疲劳。

图 15-1　高差过大、连续台阶过长，易使人感到疲劳

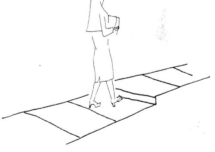

图 15-2　孤立的一、两极台阶，容易被人忽视而发生危险

我们常会见到这样几种台阶：

1. 高程变化不大时的台阶，常用在较缓的坡面上。

2. 与建筑物入口有关的台阶。

3. 具有纪念意义的台阶。

图 15-3　坡道与台阶高差相结合。何香凝美术馆

图 15-6　具有纪念意义的台阶。我们可以留意一下台阶中间的那些缓冲平台。南京中山陵

图 15-8　可以尽情展现优美景观的坡面

图 15-4　高程变化不大的台阶

图 15-5　建筑物入口处的台阶。巴塞罗那 Park Guell 入口

图 15-7　具有纪念意义的台阶。山西五台山南山寺

图 15—9 砖踏面的台阶，踏步边缘采用了方木，大大提高了砖台阶的整体性和通行触感

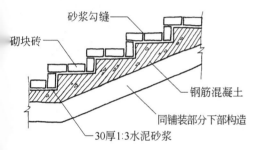

图 15—10 砖、砌块台阶构造

15—11 砌块台阶

二、坡道的设计要求

（一）坡度与人的视觉和行为之间有一定的关系。客观地讲，地面是不能也没有绝对平坦的。

1. 坡度小于1％时，地面平坦，但是排水困难，雨天会造成不便。

2. 坡度在2％～3％时，地面比较平坦，视野开阔，活动方便。

3. 坡度在10％～25％时，可以尽情展现优美的坡面。这时人的活动就要依靠台阶或坡道了。

（二）坡道的设计要求

当高差不大（少于两步台阶）或有轮式交通工具通行的情况下时，要求做坡道。一般坡道的坡度范围在1：6～1：12之间。

有轮椅通行的要求时，其坡度应小于1：12。坡道不宜连续过长，一般不超过10m就要做一个较平缓的休息平台，并且其宽度不小于1m。这里要指出的是，坡度越大的坡道，其坡长就要求越短。如坡度在1：8时，其坡道长度就不宜大于5m。

基本做法：台阶与坡道的构造

一、台阶的构造做法

（一）台阶的构造要求

台阶的面层应选择防滑、耐久的材料。尤其是北方比较寒冷的地区，更要在踏步的边缘处作特殊的防滑处理。具体做法可以参考室内踏步防滑条的做法。

步数较少的台阶，其基层做法与周围地面类似就可以了。当步数较多，或地基土质较差，或标准较高，或在冻胀地区时，可根据情况做成钢筋混凝台阶，以防止不均匀沉降带来的台阶破坏。所用混凝土强度等级不应低于C20，所配钢筋为 $\phi 8～12@150～200$ 双向。

（二）台阶的分类

台阶根据面层材料的不同可以分为：

1. 砖、砌块台阶。

171

2. 混凝土台阶: 因为混凝土的造型能力强, 所以特别适用于异形的台阶。

图 15-12　混凝土台阶

图 15-14　混凝土台阶(引自《台湾景观作品集》)

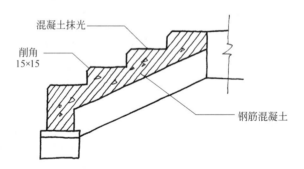

图 15-13　混凝土台阶构造

混凝土抹光
削角
15×15
钢筋混凝土

3. 花砖、石板台阶: 多指用花砖石板饰面的台阶, 其基层的受力结构多为混凝土或砌块。

图 15-15　花砖、瓷片饰面台阶。巴塞罗那 Park Guell 入口

图 15-16　石板饰面台阶。法国里昂

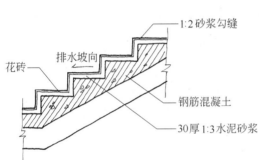

图 15-17　花砖、石板饰面台阶构造

图 15-18　石板饰面台阶（引自《黑川纪章》）

　　4. 料石台阶：整块的料石作为台阶踏步，具有整体、美观、坚固、耐久等优点。

　　5. 木台阶：木台阶分整块木料台阶与木板踏面台阶。

图 15-19　料石台阶的一块石料

图 15-20　料石台阶

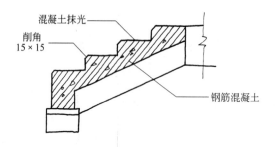

图 15-21　料石台阶构造

图 15-22　实铺方木台阶，美观、坚固，自然亲和力强，但木材用量大

二、坡道的构造

坡道的结构层和垫层的做法与相邻地面的结构层和垫层的做法相同即可。

坡道表面必须考虑防滑，具体的防滑做法有礓磋、水泥砂浆防滑沟槽、各种防滑条等等。现在也有许多成品的橡胶或金属的防滑垫可供选用。

图 15-23　架空木板台阶

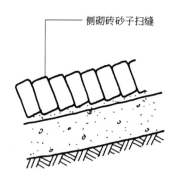

图 15-24　砖砌礓磋防滑坡道

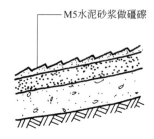

图 15-25　水泥砂浆礓磋防滑坡道

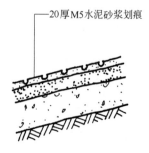

图 15-26　水泥砂浆防滑沟槽防滑坡道

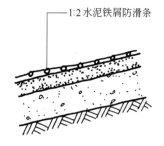

图 15-27　水泥铁屑防滑条防滑坡道

174

图 15-28 以解决不同高程界面联系的功能性交通坡道，坡度较缓，麻面花岗石板面层

图 15-29 作为地面处理方式之一的景观型坡道

扩展知识：台阶式坡道

坡度在 1:4 (25%) ~1:12 (8.3%) 之间的坡地一般会使用台阶式的斜坡道。这种坡道的梯段一般有一个恒定的坡度 1:12。而台阶踢面高度和踏面的宽度应该有所不同，以适应具体地形坡度的变化。

为了使推车和轮椅能在坡道上顺利地通过，踢面的高度应该小于 100mm，而踏面的宽度应该大于 900mm，最好能做到 1500mm。因为这样每一个踏步的踏面都可以恰好分成三步走。

图 15-30 方便肢体残疾者使的残疾坡道

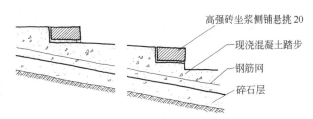

图 15-31 台阶式坡道构造，混凝土和高强砖踏步边缘

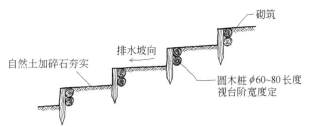

图 15-32 台阶式坡道构造，原木踏步边缘

175

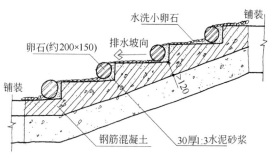

水洗小卵石
铺装
卵石(约200×150)
排水坡向
铺装
钢筋混凝土
30厚1:3水泥砂浆

图 15-33　台阶式坡道，原木踏步边缘　　　图 15-34　台阶式坡道构造，卵石踏步边缘

图 15-35　台阶式坡道，卵石踏步边缘

思考与练习

资料调查

查询设计规范，了解其对室外高差设计的相关规定。

现场学习

寻找不同类型的公共建筑，分析其入口台阶的做法，比较其建筑
材料和构造做法的异同。

第十六讲　挡　土　墙

基本知识：挡土墙的形式

当山体或者斜坡上土壤的倾斜角度超过其自然稳定角时便难以稳固，为了避免滑坡，人工地建造墙壁为土壤提供支撑，保持其稳定，这样的墙就是挡土墙。

挡土墙根据墙体的形式可分为直墙式和坡面式两种。

一、直墙式挡土墙

直墙式挡土墙根据所采用的材质特性不同又可分为下面几种形式：

1. 混凝土挡土墙，可进行各种饰面处理，具体做法可以参考外墙面装饰。

2. 预制混凝土砌块挡土墙。

图 16-1　混凝土挡土墙——经过表面肌理处理

图 16-2　混凝土挡土墙——经过表面处理(引自《台湾景观作品集》)

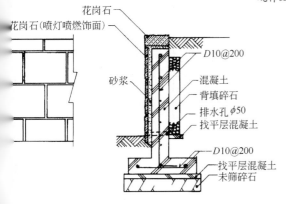

花岗石
花岗石(喷灯喷燃饰面)
砂浆
D10@200
混凝土
背填碎石
排水孔φ50
找平层混凝土
D10@200
找平层混凝土
未筛碎石

图 16-3　饰面混凝土挡土墙

图 16-4　预制混凝土板制成的弧形挡土墙。巴黎雪铁龙公园

177

图 16-5 施工中的砌块式挡土墙

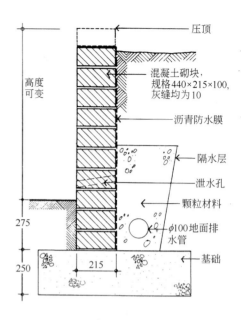

图 16-6 混凝土砌块挡土墙构造

压顶

混凝土砌块，
规格440×215×100，
灰缝均为10

沥青防水膜

隔水层

泄水孔

颗粒材料

φ100地面排
水管

基础

图 16-7 砖（砌块）挡土墙

图 16-9 木篱状的挡土墙

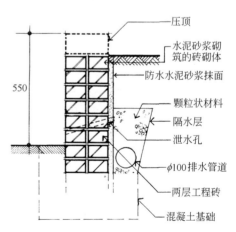

图 16-8 砖（砌块）挡土墙构造

压顶

水泥砂浆砌
筑的砖砌体

防水水泥砂浆抹面

颗粒状材料

隔水层

泄水孔

φ100排水管道

两层工程砖

混凝土基础

通用构造基础

3．砖、砌块挡土墙。

4．木制挡土墙。

5．天然石材挡土墙。

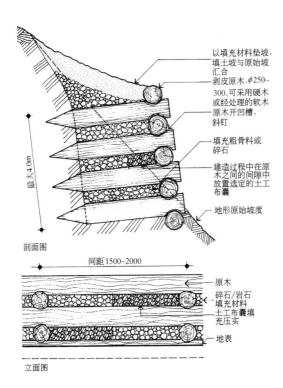

图 16-10　原木挡土墙

图 16-12　直墙式天然石材挡土墙——大地人造
景观中最为常用的挡土墙形式之一(引自《日本最
新景观设计》)

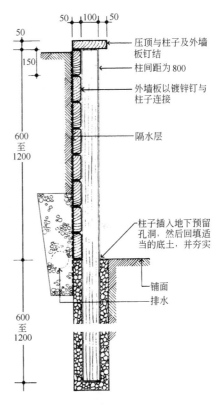

图 16-11　悬臂式木板挡土墙

179

二、坡面式挡土墙

1．混凝土挡土墙：重力式挡土墙，可进行各种饰面处理。

2．锥形挡土墙：砖砌、混凝土砌块、自然石砌挡土墙。

3．天然石砌挡土墙：卵石、条石、碎石。

4．嵌草混凝土网洞砌块挡土墙：坡度较缓，多用于护坡。

三、设计要点

1．水的排除：防止墙后水压的积聚对墙体造成破坏。一般做法是在墙体背后做易渗处理——填筑一定厚度的碎石层，再利用水管等将水排出。水管的设置一般是每3m²设一个直径75～100mm的水管。水管一般设在墙体偏下部位。

图16-13 坡面式天然石材挡土墙——大地人造景观中最为常用的挡土墙形式之一（引自《日本最新景观设计》）

图16-14 作为路边的坡面挡土墙

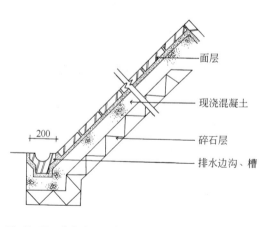

图16-15 作为路边的坡面挡土墙构造

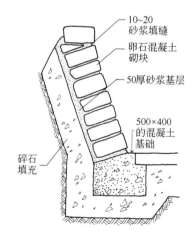

图16-16 大料石砌坡面挡土墙构造

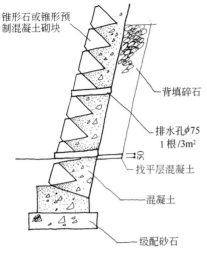

图 16—17　锥形石砌坡面挡土墙构造

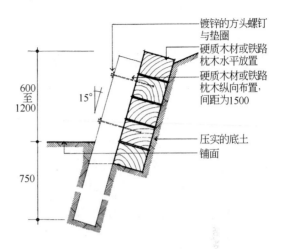

图 16—18　方木制成的倾斜挡土墙

2. 设置伸缩缝：无钢筋混凝土的缩缝间距为5m，胀缝间距为20～30m。

基本做法：挡土墙的做法

挡土墙的设计一定要实现其稳固土壤的功能，又要满足景观审美的要求，所以在对地基状况和土壤剖面进行分析后，挡土墙的一般设计程序如下：

1. 估计土壤将对挡土墙产生的侧向力的大小。

2. 选定挡土墙和基础的形式。

3. 设计挡土墙的具体尺度和各种相关构件。

4. 确定回填部分的排水方式。

5. 考虑墙体可能的移动和沉降。

6. 确定墙体的装饰形式。

在以上的设计程序中，最重要的是选定挡土墙的结构形式，下面介绍5种挡土墙的结构形式。

一、重力式挡土墙

重力式挡土墙是靠墙体的自重抵抗土体侧压力的挡土墙。按所用材料类型还可以分为混凝土挡土墙、浆砌石挡土墙和混凝土预制砌块挡土墙等。这种挡土墙材料用量大，但是结构比较简单，施工方便，断面一般呈现上小下大的正梯形。随着高度的增加，材料用量增加很快。

图 16-19　浆砌石重力挡土墙

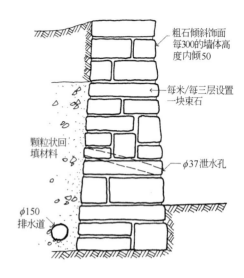

粗石倾斜饰面
每300的墙体高
度内倾50

每米/每三层设置
一块束石

颗粒状回
填材料

ϕ37泄水孔

ϕ150
排水道

图 16-20　天然石料重力挡土墙构造

图 16-21　卵石砌矮挡土墙

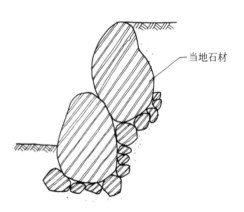

当地石材

图 16-22　天然巨石挡土墙构造

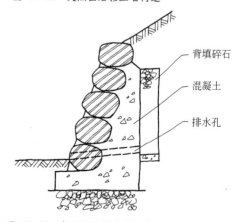

背填碎石

混凝土

排水孔

图 16-23　卵石砌矮挡土墙构造

通用构造基础

因此此类挡土墙的经济高度一般为4～5m。

二、半重力挡土墙

半重力挡土墙是在重力挡土墙的墙体中加入钢筋骨架，是缩小了墙体断面的重力式挡土墙。半重力挡土墙的混凝土用量较重力挡土墙减少很多。半重力挡土墙的标准高度是4m。

三、悬臂式挡土墙

悬臂式挡土墙是凭借立壁、基座的钢筋混凝土构件支承土体侧压力的挡土墙。根据其立壁与基座间构筑形势，悬臂式挡土墙又可以分为倒T形、L形和反L形几种。悬臂式挡土墙是一种比较常见而且较为经济的挡土墙（节省空间体量和材料用量）。

图 16-24　悬臂式混凝土挡土墙。巴黎雪铁龙公园

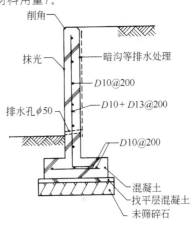

削角

抹光　　　暗沟等排水处理

D10@200

排水孔φ50　　D10+D13@200

D10@200

混凝土
找平层混凝土
未筛碎石

图 16-25　混凝土悬臂式挡土墙剖面构造

四、扶壁式挡土墙

扶壁式挡土墙即在悬臂式挡土墙的内侧或外侧加设扶壁。这种挡土墙虽然施工较为复杂，但其可以达到较高的高度，比较适用于高度要求较大且有用地限制的情况。此类挡土墙的标准高度为5～6m。

图 16-26　扶壁式挡土墙。施工中的内侧，可以
清晰地看到扶壁

图 16-27　扶壁式挡土墙。完成后的外侧

五、特殊挡土墙

1. 箱式、框架式挡土墙，类似建筑的同名结构体系。这种结构体系可以形成我们需要的最高、最坚固的挡土墙，其弱点就是造价较高。

2. 木制挡土墙。墙体埋深一般要求不少于外露部分墙身高度。因此木制挡土墙的高度一般不大于1.5m。

3. 金属条筐式挡土墙。由$\phi 6 \sim \phi 12$的镀锌钢丝编成长方形的条筐，内装碎石或碎石土。然后将多个条筐垒砌到一起，形成挡土墙。因为条筐有一定的变形能力，而且植物很快会在条筐内生长起来，所以使挡土墙的外观变得柔和、自然、有生机。

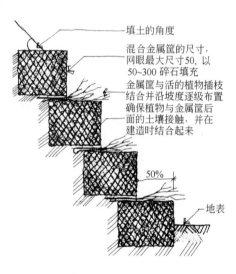

图 16-28 阶梯式金属条筐挡土墙

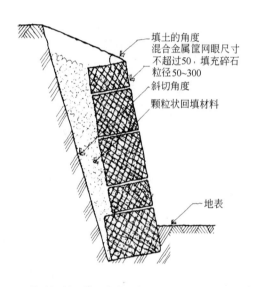

图 16-29 坡面式金属条筐挡土墙

思考与练习

资料调查

试比较不同结构挡土墙所使用材料的差别，以及由此带来的构造做法、审美效果和适用范围等方面的差异。

现场实习

河边大坝与花坛边台都可以视为挡土墙，亲身体验观察，并分析其各自的特征。

第十七讲　分界与阻隔

　　所谓分界、阻隔小品就是在一定程度上限制人的活动范围，或者作为不同性质区域的边界划分的标志物。常见的有：围墙、围栏、大门、车挡、路障等等。本讲我们详细介绍一下围墙、围栏、大门的构造知识要点。

基本知识：围栏

　　围栏是分界小品的一类主要形式，它与将要提到的围墙的主要区别在于：它相对于墙体来说比较轻巧、通透，基本不能阻断人的视线，只能在一定程度上限制人的活动范围。其构造体系主要是由结构立柱和柱间填充联系物组成。栅栏、竹篱也属于围栏的范畴。

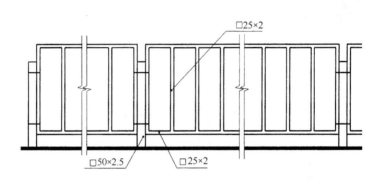

图 17-1　较简单的金属低围栏

17-2　较简单的金属低围

的剖面构造

一、围栏设置的目的

　　主要是防止人或动物随意进出，安全防护，明示分界，以及防止球类飞出等等。

二、围栏高度设置的一般标准

　　限制人出入的围栏高1.8～2m或以上；隔离小动物的围栏高0.4m左右；限制车辆出入的围栏高0.5～0.7m；标明分界的围栏高1.2～1.5m；网球场等特殊用途场地围栏高度一般为3～4m左右。

三、围栏的分类

　　1. 围栏按其高度不同可分为：高栏、中高栏、低栏。划分的高度范围并没有明确的界限，也没有太实际的意义。具体高度的确定一般都要根据实际的需要。

　　2. 围栏按其所用的材料不同可分为：木制围栏、竹制围栏、金属围栏等。就金属围栏而言,按其形态不同又分为网状、铁管、铁条、钢丝、扁网、铸铁、打孔钢板围栏等等。

由于围栏的技术难度不高,可供选用材料丰富,造型丰富多变,所以种类极其繁,多无法尽述。下面提供几个相对典型的例子供大家参考。在设计实践中,有极大的自由发挥和创造的空间。

图 17-3 金属低围栏   图 17-4 木桩、绳索低围栏

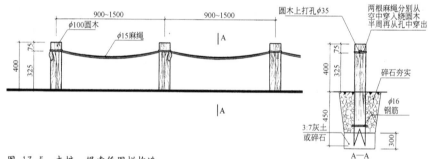

图 17-5 木桩、绳索低围栏构造

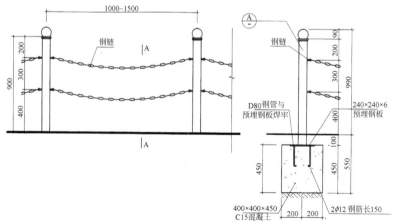

图 17-6 金属桩、锁链低围栏构造

图 17-7　木制或仿木制中围栏，仿欧美牧场畜栏的造型

图 17-8　编织状的竹围墙

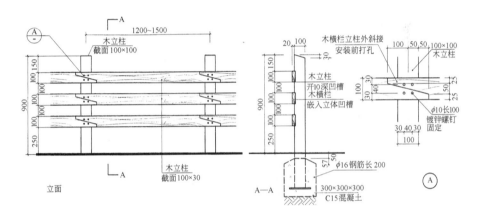

图 17-9　横板条木篱构造

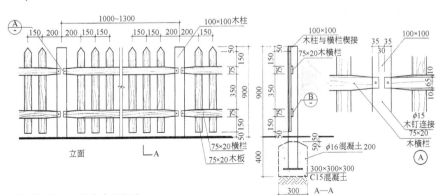

图 17-10　竖板条木篱构造

187

图 17—11　竖板条木篱。北京康城(引自《北京国际风格楼盘》)

图 17—12　竹篱

图 17—13　竹篱

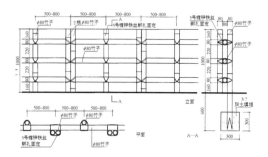

图 17—14　竹篱构造

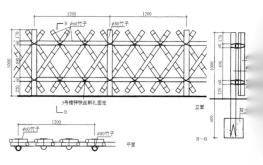

图 17—15　竹篱构造

图 17-16 竹篱、园门 北京玫瑰
园(引自《北京国际风格楼盘》)

图 17-17 金属高围栏

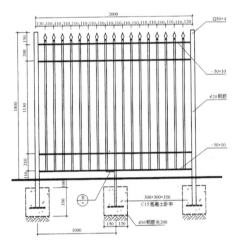

图 17-18 金属高围栏构造

图 17-19 镂空金属板围栏。莱比锡街头

图 17-20 金属围栏。里昂现代城

图 17-21 现代城市景观中围栏的样式花样翻新，
这是一种新式的玻璃低围栏(引自《International
LANDSCAPE DESIGN》)

基本知识：围墙

围墙是我们日常生活中所常见的，没必要再对它的形态阐述太多。一般来说，比视平线高的墙体常常作为可见的视觉屏障，用于形成一种相对封闭的空间，多半具有防卫的功能，并常与建筑相结合使用。比如中国古代王宫的宫墙和传统民居的围墙都是用来形成封闭的院落空间的。比视平线低的墙体或局部透空的墙体可以形成半封闭的空间。当既需要保留所有的视觉特性，又要有一定的分隔力度时，经常使用矮墙作为自然的界限。

图 17-22 故宫的午门，紫禁城的正门，坐落在高大的防卫性围墙之上。

图 17-23 矮墙，是现代城市景观中常用的空间划分元素。巴黎雪铁龙公园

图 17-24 中国传统园林中的中高墙，是可以遮挡和引导视线的不可或缺的景观构成元素

一、围墙的种类

（一）按所采用的主要材料分：

1．混凝土墙：一般采用现浇钢筋混凝土，这种墙体整体性好，强度和稳定性高，结构占用空间小，形态变化自由，可以建造各种规格与形态的墙体，加之在其表面可以采用多种处理方式：如抹灰、打毛、剁斧、压痕、涂色等等，还可以作为其他墙体的基础墙体。

图 17-25 混凝土围墙，其强度较高，可以在其上附加其他功能设施。巴塞罗那某社区公园

图 17-26 混凝土围墙，其典型优势就是造型自由、表面肌理丰富，可以进行雕刻、模压等处理

图 17-28 预制混凝土砌块围墙。由于混凝土砌块的造型丰富多样，由其产生的围墙就更是形式多样了

图 17-29 砌块矮围墙与植栽结合。如果植物生长在围墙的顶部，就可以作为一种压顶了，同时其曲线的平面，可以增加砌块墙体的稳定性

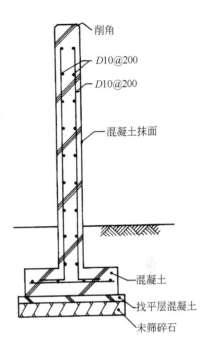

图 17-27 混凝土围墙剖面构造

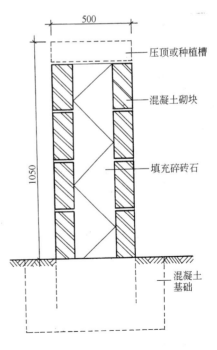

图 17-30 砌块矮围墙剖面构造

191

2．预制混凝土砌块墙体：这种墙体是由预制混凝土砌块砌筑而成，整体性较差，一般需要做扶壁、现浇式构造柱或者通过改变墙体的平面形状，来增强墙体的稳定性。这种墙体的优点是施工速度快。由于砌块的形状自由多变，可以形成丰富多样的墙面效果。

3．砖砌围墙：这是一种历史较悠久的墙体形式，用统一规格的黏土砖砌筑。历史上无论亚洲还是欧洲，许多国家都采用过，并且至今还在广泛采用着。这种墙体的砌筑工艺简单，花样、方式丰富多变，应用极其广泛。

4．天然石墙：石墙的历史要比砖墙还要悠久，大概自从有了人类文明就有了它。石墙的组砌方式与所采用的砌块形状关系密切。比如：规格统一的方石的砌筑方式就与砌块相似；而规格零乱的雕琢方石与自然形态的硕石砌筑的难度就大多了，但所形成的效果也更接近自然。由于某些地区，开采石块的难度较大，又破坏自然生态环境，加之运输不便，石墙的应用受到限制。但随着石材加工技术的不断发展，石材饰面墙体的应用将越来越广泛。

5．饰面墙体：这种墙体本来是没有资格独立形成一类分界墙体，但因其在现实生活中使用广泛，姑且把它单独列出来。饰面墙体就是以砖墙或混凝土墙作为基础墙体，在其表面再附加不同材质、不同厚度的饰面材

图 17-31 现代风格的砖砌围墙

图 17-32 杭州西湖小山中，一竖一横两片砖块砌筑的墙，列于道路两侧，设计者在此以建造方式和重力对话，使砖筑墙体具有哲学的意味。

图 17-33 中国传统民居中的砖砌围墙。山西王家大院

图 17-34　天然石围墙是中世纪欧洲防御性城堡的主组成部分

料而形成的一种墙体。它以丰富人们的视觉及触觉感官为主要目的。
饰面材料主要是各种瓷砖、石材或木材等等。其具体做法与建筑外墙
饰面相似。

图 17-35　饰面围墙。它的种类繁多、应用广泛

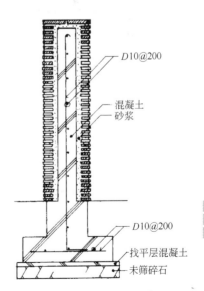

D10@200

混凝土
砂浆

D10@200

找平层混凝土
未筛碎石

图 17-36　左图饰面围墙的剖面构造

（二）围墙按主体结构构成方式分为板式和立柱镶嵌式两种。

1．板式围墙：常见的这种墙体大多不长也不高。原因是这种墙体抗侧推的能力较差，但是如果在一定长度范围内加设扶壁或构造柱，或者将墙体做成曲折的形状，情况就有所不同了。

图 17-37 混凝土独立板式高墙体。独立式墙体除了可以划分提示空间，墙体本身有时就是一处环境雕塑

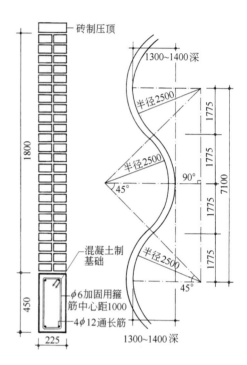

图 17-38 砖砌蛇形围墙。这种围墙形态自由，墙体自身重量轻、结构稳定

板式墙体主要由基础、墙身、压顶三部分组成。基础的做法与建筑墙体基础的做法相似。根据地基情况可以分别做成墙下条形基础或独立基础。其具体做法参见"建筑基础"部分。

关于围墙基础的埋深，一般原则是：第一是要满足荷载与稳定要求（没有建筑的要求那么高）；第二是一定要做到基础埋深在当地冰冻线以下；第三是基础一定要落到持力层上；第四是要满足基础最小埋深的要求（500mm以上）。此外，还要有经济方面的考虑。

墙体在满足强度和稳定性的条件下可以采用前述的各种材料建造。

压顶的功能：第一是防止水从墙体顶部渗漏到墙体内部，造成对墙体的破坏。第二是遮挡水流以保持墙体表面的清洁度。第三就是出于美观的考虑，避免人们直接看到一截光秃秃的墙体。

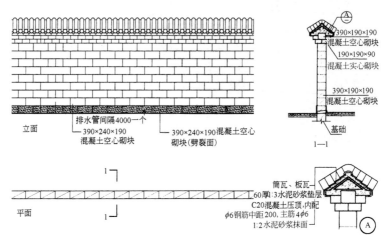

图 17-39　有中国传统风格的砌块板式围墙

压顶的材料与做法多种多样。就所采用的材料而言，主要有混凝土、石材、砖、屋顶瓦（中国古建围墙中常用）等等。所采用的形式因其花样繁多在这里就不再赘述了，设计者可以根据自己的意愿自由创作。但是，这里有一点要提醒大家注意，那就是顶部绝不能做成完全水平或凹形。即使是采用平顶至少也要有1%～3%的排水坡度，以防止积水在墙顶部的产生。

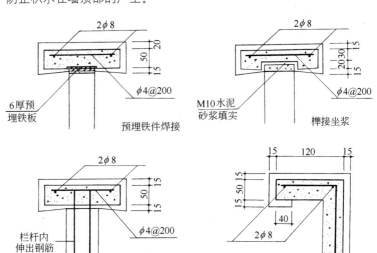

图 17-40　钢筋混凝土围墙压顶构造

图 17-41 压顶的形式很多，在满足基本功能要求的前提下，有很大的发挥空间

2．立柱镶嵌式围墙：这种墙体主要由结构立柱与柱间镶嵌物组成。这种墙体的结构原理是立柱为主要结构支撑部分，承受主要的各向作用力，而柱间镶嵌物作为封闭围合的结构，主要起阻隔的作用，并将其承受的各向作用力传递给立柱。结构立柱也是由基础、柱身、压顶3部分组成。其结构原理与建筑的柱子基本相同。柱身材料可以是钢筋混凝土，也可以是混凝土、砖、石等砌块或各种形态的钢结构。

图 17-42 砌体作为嵌板的立柱镶嵌式围墙

图 17-43 金属波纹板作为嵌板的立柱镶嵌式围墙

　　柱间镶嵌一般有砌体结构、板材结构和透空结构3种结构形式。
　　砌体结构镶嵌就是用砖、石、混凝土砌块等砌体充当嵌板，其厚度相对于板式围墙可以小一些(因为有结构立柱的存在)。板材结构镶嵌是用木板、石板等天然板材和金属板、预制混凝土板等人造板材充当嵌板。透空结构镶嵌是由铁艺、木栅、混凝土花格等充当嵌板，相对于前两种结构形式，透空结构在视线上就开阔得多。

通用构造基础

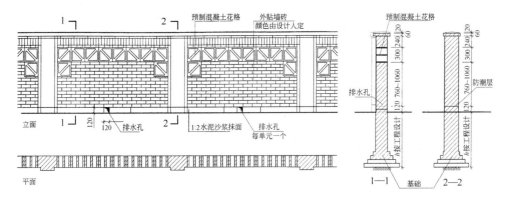

图 17—44　局部采用混凝土花格透空结构的立柱镶嵌式围墙

图 17—45　金属透空结构的立柱镶嵌式围墙

图 17—46　混凝土透空结构的立柱镶嵌式围墙

基本做法：围墙的设计要点

一、稳定性

作为独立的墙体，其自身的稳定性是至关重要的。墙体稳定性主要体现在抵抗侧向作用力和不均匀沉降的能力上。一般来说，增强墙体的稳定性主要从以下几个方面入手。

1．增加墙体厚度，控制墙体的高度。

在一定高度范围内，墙体越厚越稳定。同样，如果厚度是固定的，则墙体越高越不稳定。所以在设计墙体时，控制墙体的高厚比是至关重要的。

2．变换墙体的平面形式。

一般来说，平面形式曲折的墙体其稳定性要优于直线形式的墙体。如果空间允许的话，蛇形平面或折尺形平面的墙体，即使其厚度很小，也能保证足够的稳定性。在平面上增加扶壁也能很好地增加墙体的稳定性。

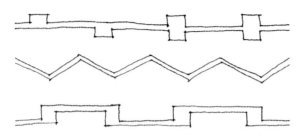

图 17—47　有效增加墙体稳定性的方法有增加扶壁、立柱、构造柱或改变平面形状等

3．控制不均匀沉降。

如果墙体各段沉降的幅度不一样，会造成墙体不同程度的破坏。所以，首先就应该尽可能的保证地基的承载能力一致。如果不能做到这些，也就是说地基无法均匀沉降，或者基础埋深不一，一般就需要让墙体自上而下地断开，形成一条断缝，又叫沉降缝。其具体做法可以参考建筑墙体的不均匀沉降问题。

4．主要的侧向力。

(1)风荷载：自然力中，风荷载是墙体所受侧向力的主要来源。因此在风力较大的地区，一般不宜建造很高的围墙。如果一定要建，就必须经过验算，并采取必要的措施方可实施。

(2)长时间加载的人为恒力：如果墙体的一侧堆放砂石货物等，很容易造成墙体的歪斜。

二、墙身防潮层

地面下的潮湿气会因为毛细管作用而沿着墙体上升，长期作用会对墙体造成破坏。因此在距离地面60mm处设置防潮层一道。一般做法是：抹20mm厚1∶25的水泥砂浆，内掺5％防水剂。其他做法可参见建筑墙体防潮层部分。

三、伸缩缝

一般来说，墙体会因为温度、湿度的变化而膨胀或收缩，这种胀缩在一定长度内积累，到一定程度就会造成墙体的破坏。因此如果墙体达到一定长度就要将墙体人为断开做伸缩缝。对于不同地区、不同材料的墙体，伸缩缝的最小间距也不一样。一般在30～50mm左右。温差大的地区，伸缩缝的间距要小一些。其具体做法可参考建筑墙体伸缩缝。

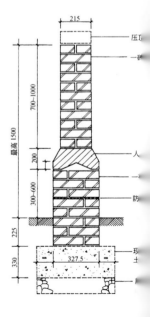

图 17—48　砌筑围墙的剖面请注意防潮层的设置

四、墙体根部水的排除

根据水量大小的不同，可以采用散水或边沟排水。其具体做法可参考前面建筑的相关部分。

五、饰面

同样的墙体基层，可以利用不同的饰面做法，创造出丰富多变的墙面效果。其具体做法参考外墙装饰部分。

扩展知识：围墙大门

在围墙或围栏的适当部位要设置能够开启的供人们通行的大门。

围墙大门按动力来源分为手动大门和电动大门。

围墙大门按开启方式分为平开门、折叠门、推拉门、伸缩门等。

围墙大门按材料分为木门、铁艺大门等等。

大门的开启净宽度：仅供行人通行的门宽最小 900mm；有少量小型机动车通行的门宽最少 2400mm；有大型车辆通行或车流量较大时，大门的开启净宽度必须达到 5200mm。

一、平开门、折叠门

都是由门柱、门扇、门轴组成。门柱一般由基础、柱身和压顶 3 部分组成。柱身可由砖、石等砌块砌筑或由混凝土制成，或用钢结构制成。形态设计可相对灵活，但须保证承载门扇后的整体稳定与安全。如果门扇较高大，门柱基础除了必须满足埋深的要求（冰冻线以下）外，因其受力较复杂，还必须经过专业的结构计算才能确定。一般做法参考建筑柱子基础部分。

门扇可以由木材或钢材等多种材料制成，造型多样，但必须注意保证其平面稳定性，可适当加一些斜撑或斜拉构件。门扇不宜做得过大，以防开启不便。

图 17-49　木制平开园门，采用了斜拉构件(引自《日本最新景观设计》)

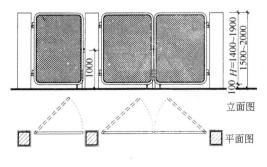

图 17-50　金属网平开门构造

立面图

平面图

图 17-51 铁艺平开门

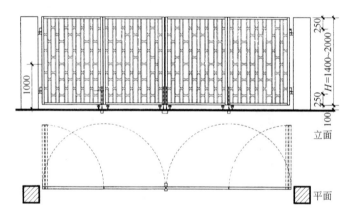

图 17-52 铁艺折叠门构造

图 17-53 铁艺折叠门

二、推拉门、伸缩门

这两种大门的优点就是适用于开口较宽的大门，但是又不必将门扇做得像平开门那样高大。这两种门的设计要点是：滑轮组的选择和轨道的铺设以及机械传动部分的隐藏。

思考与练习

现场实习

到相关厂家，了解铸铁成品构件的类型、样式和规格。

制作设计

设计一种混凝土砌块，并为儿童游戏场地建造一段高度不超过2m，长度不少于8m的墙。

使用木杆或竹杆等比例设计制作一处围栏。

建筑构造模型作业

任何一门课程都必须有适合自己的特定的训练和考察方式。传统的建筑构造课更注重考查知识传授的成果，而对学生能力进行训练的方法考虑不够。这样导致的结果就是让学生强记一些名词、工艺规范的条款，等到两、三年后要用到这些知识时，大多数学生的头脑中又回复一片空白。而且学生对这样乏味的强记不会感兴趣，如果没有兴趣，那些极富创造性的构造设计的激情又从何而来呢？因为存在这些问题，本人对构造课的训练和考查方法进行了新的尝试。

在布置作业的过程中，我们一般会给同学们提供一些基本条件资料，不一定很全，因为在实践教学的过程中我们发现，如果提供的条件过细，反而会限制同学们的可贵的创造性的发挥。根据所提供的基本资料由同学们自己去搜寻更详细的资料，这种资料收集的过程本身就是一项可贵的能力训练过程。给同学们提供的资料尽量简练而丰富。简练，指的是每项内容的精髓，丰富，指的是作业内容覆盖面的宽泛，让同学们有更多的可选择机会。

在所选资料中，有大量的中国古代木构建筑，学生们对中国古建筑也显示了很浓厚的兴趣。古代木构技术十分复杂，但经过一定的研究之后，就会被其超凡的理性所折服，也许这就是作业图片中有大量中国古代木构建筑模型的原因。然而，这并非是一门古代建筑技术的课程，所以学生的模型中自然难以避免出现这样那样的差错。之所以能够允许这样差错的存在，初衷还是要坚持作业训练的开放的、创造的目的。模仿本身是学习，由模仿而起的自行地解决问题，就是创造的开始。所以在模型制作上没有强求与传统的、成型的做法保持完全的一致。

杜欣欣、张侨文、黄璐璐、解伦

杜欣欣、张侨文、黄璐璐、解伦

郭峰、李博

韩磊、赵静、马涛

韩磊、赵静、马涛

韩磊、赵静、马涛

韩磊、赵静、马涛

李帅、任志飞、叶凯

李欣昱

李欣昱

李欣昱

李旭、刘亚男

李旭、刘亚男

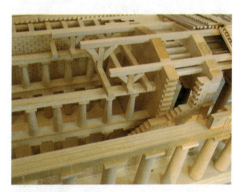

李旭、刘亚男

刘方成

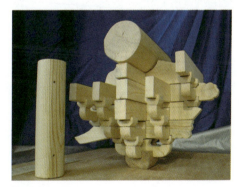

刘方成

刘昱、王琳

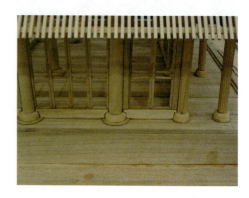

林盛多、陈志军、徐洪涛、郭迪

宋蕾、张枫、孙洪焱

田斌、曾浩洁

王冬雪、胡桂媛、刘欣欣、董玉珠、刘丽

王冬雪、胡桂媛、刘欣欣、董玉珠、刘丽

王冬雪、胡桂媛、刘欣欣、董玉珠、刘丽

王冬雪、胡桂媛、刘欣欣、董玉珠、刘丽

207

王冬雪、胡桂媛、刘欣欣、董玉珠、刘丽

王冬雪、胡桂媛、刘欣欣、董玉珠、刘丽

王冬雪、胡桂媛、刘欣欣、董玉珠、刘丽

王冬雪、胡桂媛、刘欣欣、董玉珠、刘丽

王冬雪、胡桂媛、刘欣欣、董玉珠、刘丽

王淼、张莉、朱东升

王淼、张莉、朱东升

王淼、张莉、朱东升

王淼、张莉、朱东升

王淼、张莉、朱东升

王淼、张莉、朱东升

王珊珊、李文冰

王妍行、李程威、周晓丹

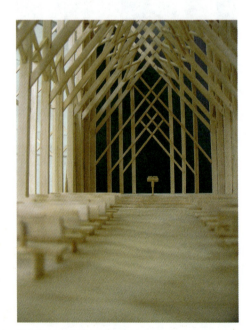

王妍行、李程威、周晓丹

王妍行、李程威、周晓丹

吴宜刚、庞博、杨炜龙

吴宜刚、庞博、杨炜龙

吴宜刚、庞博、杨炜龙

吴宜刚、庞博、杨炜龙

徐丹、于丹、方君

徐丹、于丹、方君

许晓明

许晓明

薛彬彬、周琰、李秀英

薛彬彬、周琰、李秀英

薛彬彬、周琰、李秀英

杨晓东、韩野、李正山

杨晓东、韩野、李正山

杨晓东、韩野、李正山

于英菊

于英菊

于英菊

张帅、王阳洋

张伟伟、赵妍

张帅、王阳洋

张伟伟、赵妍

张帅、王阳洋

张伟伟、赵妍

张天竹、郭嘉　　　　　　张天竹、郭嘉

张天竹、郭嘉　　　　　　张天竹、郭嘉

张天竹、郭嘉　　　　　　张天竹、郭嘉

张天竹、郭嘉　　　　　　张天竹、郭嘉

215